[illegible]ES HYDRAU[illegible]

A AXE VERTICAL

APPELÉES

TURBINES

[illegible] MORIN,

V

EXPÉRIENCES

SUR

LES ROUES HYDRAULIQUES

À AXE VERTICAL

APPELÉES

TURBINES,

PAR

ARTHUR MORIN,

Capitaine d'Artillerie, ancien élève de l'école Polytechnique, professeur de machines à l'école d'Application de l'Artillerie et du Génie, membre de l'Académie Royale de Metz.

METZ.

Mme THIEL, LIBRAIRE-ÉDITEUR, RUE DU PALAIS, 2.

PARIS.

L. MATHIAS, LIBRAIRE, QUAI MALAQUAIS, 15.
CARILIAN-GOEURY, QUAI DES AUGUSTINS, 41.
LENEVEU, RUE DES GRANDS-AUGUSTINS, 18.
CHAMEROT, LIBRAIRE, QUAI DES AUGUSTINS, 33.
BACHELIER, LIBRAIRE, QUAI DES AUGUSTINS, 55.
GAUTHIER-LAGUIONIE, PASSAGE DAUPHINE, 36.

1838.

TABLE DES MATIÈRES.

Nos. Pag.

Rapport fait à l'Institut 1

1. Des diverses tentatives faites pour améliorer les roues à axe vertical 11
2. *Expériences sur les roues des moulins de Toulouse* 13
3. Conséquences des résultats contenus dans le tableau précédent 15
4. *Expériences sur les turbines de M. Fourneyron.* Description générale de ces turbines. *id.*
5. *Expériences sur la turbine du tissage de Moussay, près Senones (département des Vosges).* — Description sommaire 17
6. Dispositions adoptées pour les expériences 18
7. Jaugeage du volume d'eau dépensé 19
8. Calcul du volume d'eau dépensé à l'aide des dimensions des orifices .... *id.*

TABLEAU comparatif de la dépense théorique faite par les orifices de la turbine.... 21

9. Conséquences des résultats contenus dans le tableau précédent 22
10. Observation des données des expériences .... *id.*

TABLEAU des expériences faites en mai 1837 sur la turbine du tissage mécanique de Moussay, près Senones .... 25 à 27

11. Discussion et représentation graphique des résultats contenus dans ce tableau... 28
12. Observation sur l'avantage que présente cette roue de pouvoir marcher à des vitesses très-différentes 29
13. Remarque relative aux expériences dans lesquelles la turbine a été noyée...... *id.*
14. Observation sur l'accroissement de l'effet utile à mesure que la levée de vanne augmente 30
15. Résumé des conséquences tirées de ces expériences .... *id.*
16. *Expériences sur la turbine du tissage mécanique de Müllbach (Bas-Rhin)* — Description sommaire .... *id.*
17. Jaugeage de la dépense d'eau 31
18. Dispositions prises pour la mesure des données principales 32
19. Du frein employé .... *id.*

Nos.		Pag.
20.	Précautions prises pour assurer la régularité du mouvement	33
21.	Observation de la vitesse de la roue	*id.*
	TABLEAU des expériences faites en juillet 1837 sur la turbine du tissage mécanique de Müllbach	34 à 39
22.	Représentation graphique et examen des résultats contenus dans le tableau précédent.	40
23.	Observation relative aux expériences où la roue était noyée	42
24.	Conclusion de ces expériences	*id.*
25.	Observations sur l'écoulement de l'eau par les orifices de la turbine	43
	TABLEAU d'observations sur l'écoulement de l'eau par le vannage de la turbine.	45 à 47
26.	Conséquences des résultats contenus dans le tableau précédent	47
27.	Influence de la hauteur dont on lève la vanne sur la dépense	48
28.	*Expériences sur la turbine établie au moulin de Lépine, canton d'Arpajon*	50
29.	Résumé général des expériences sur l'effet utile des turbines	51

RAPPORT

SUR UN MÉMOIRE DE M. A. MORIN, CAPITAINE D'ARTILLERIE,

contenant

DES EXPÉRIENCES SUR LES TURBINES

DE M. FOURNEYRON.

COMMISSAIRES, MM. DE PRONY, ARAGO, GAMBEY, SAVARY Rapporteur.

Extrait des Comptes rendus des séauces de l'Académie des Sciences, séance du 2 janvier 1838.

Dans un premier travail auquel l'Académie a donné son approbation, M. Morin a fait connaître, par des mesures nombreuses et précises, ce que peuvent réaliser d'effet utile, pratiquement disponible, les diverses roues hydrauliques ordinairement en usage et qui tournent sur des axes horizontaux.

C'est en quelque sorte le complément de ce premier travail que M. Morin a présenté dans le Mémoire dont nous venons rendre compte aujourd'hui.

Cette fois, les recherches de M. Morin ont eu pour objet ces nouvelles roues hydrauliques, peu multipliées encore, mais sur lesquelles l'attention publique est si vivement fixée depuis quelque temps, les turbines de M. Fourneyron. L'ingénieur à qui l'on doit et la disposition et l'établissement de ces précieux moteurs, celui qui lutte avec persévérance depuis quinze ans pour les perfectionner et les répandre, M. Fourneyron lui-même, a prêté à l'auteur de ce Mémoire, pendant toute la durée des expériences, le secours d'une active coopération.

Sous le nom général de turbines, on comprend aujourd'hui des roues qui n'ont guère de commun entre elles, que de tourner les unes et les autres, autour d'un axe vertical. Celles qu'un ingénieur, homme d'invention et de science, M. Burdin, imagina et fit connaître le premier sous ce nom, reçoivent l'eau à la base supérieure d'un cylindre ou tambour vertical et la rejettent à la base opposée. L'eau entre et sort près de la circonférence extérieure, suivant des canaux pliés en hélice à la surface du tambour qui doit avoir une hauteur égale à la moitié de la hauteur entière de la chute d'eau disponible.

Dans les turbines de M. Fourneyron, le tambour n'a jamais qu'une petite épaisseur, quelques décimètres, par exemple. L'eau s'élance obliquement en jets horizontaux de tout le contour d'un cylindre intérieur vertical, pénètre de tous côtés dans les compartimens de la roue qui, en tournant, affleure ce cylindre, suit, en les pressant, des aubes courbes renfermées entre les deux bases horizontales, et s'échappe horizontalement par la tranche verticale du tambour extérieur.

On aura une idée des turbines de M. Fourneyron en concevant que l'on pose à plat une roue ordinaire à palettes courbes, et que l'eau arrivant sur les palettes par le centre, sorte à la circonférence.

Un de nos confrérés, M. Poncelet, a proposé, en 1826, une disposition inverse de celle que nous indiquons ici: l'eau devait arriver par la circonférence de la roue et sortir par le centre.

C'est peu encore que d'être guidé par ces indications générales. Les difficultés les plus graves se présentent dans les détails d'exécution ; l'eau, pour satisfaire aux meilleures conditions d'effet, devrait entrer sans choc et sortir sans vitesse. Comment donner aux jets liquides, lancés dans la roue, la direction la plus avantageuse? Comment faire en sorte qu'après avoir épuisé leur action sur les aubes, ils les abandonnent sans difficulté? Comment, avec des dispositions simples, obtenir des effets peu variables, et toutefois permettre à la roue de prendre au besoin des vitesses très-différentes? Telle est une partie seulement des questions que l'expérience devait résoudre, et que M. Fourneyron a résolues par l'expérience, patiemment et habilement.

Ces questions, d'un si haut intérêt pour la science, ne peuvent être examinées ici. M. Fourneyron a construit des moteurs, mais il n'a rien fait connaître des proportions qu'il leur donne. M. Morin ne pouvait, il le déclare, penser même à le dévancer dans la publication de ces détails. Son unique but était de constater, comme il l'a fait pour les autres roues, des résultats immédiatement utiles à l'industrie. C'est de ces résultats seulement que nous aurons à parler.

Deux turbines récemment établies par M. Fourneyron ont été soumises aux recherches de M. Morin. Toutes deux conduisent des tissages mécaniques, l'une à Moussay, près de Senones dans les Vosges, l'autre à Müllbach, dans le département du Bas-Rhin. Celle-ci marche sous une chute d'eau de 3 mètres environ ; celle-là sous la chute très-forte de sept à huit mètres dans sa valeur moyenne.

Les quantités de travail ont été mesurées à l'aide de l'appareil devenu en quelque sorte indispensable à ces recherches, du frein dynamométrique de M. de Prony. Le frein était directement appliqué à l'arbre vertical des turbines, continuellement arrosé, et la température des surfaces frottantes variait si peu que les oscillations à l'extrémité du levier n'ont jamais dépassé, dans les expériences faites à Müllbach, 4 à 5 centimètres d'amplitude. Il semble, pour le dire en passant, qu'un tel moyen de mesure ne laisse plus rien à désirer.

Les garanties d'exactitude qu'offrent les dispositions prises par M. Morin, et qu'on pouvait attendre d'un ingénieur aussi habile, sont complètement confirmées, par la régularité des séries d'observations. Ces séries, rapportées d'abord sous forme de tableaux et en chiffres, sont ensuite, quant au résultat principal, représentées graphiquement par des courbes. Ce mode de représentation a l'avantage de mettre en évidence, d'une manière plus frappante, le peu de variation qu'éprouve l'effet utile des machines pour des variations de vitesse très-considérables.

Citons quelques nombres. Relativement à la turbine de Moussay, la quantité d'eau dépensée restant la même et d'environ 736 kilogrammes par seconde, la vitesse a pu varier de 140 à 230 tours par minute, sans que le rapport du travail disponible au travail absolu de la chute d'eau se soit écarté de plus de $\frac{1}{17}$ de la valeur maximum observée $\frac{675}{1000}$.

Objectera-t-on qu'ici le volume d'eau dépensée, évalué d'une manière indirecte, laisserait une très-légère incertitude? D'abord cette incertitude pourrait bien être défavorable à la machine; ensuite, et en tous cas, elle n'existe nullement de la même manière pour la turbine de Müllbach.

Relativement à celle-ci, où du reste les expériences sont plus concordantes, les séries plus régulières, pour des variations de vitesse qui s'étendent de 55 à 79 tours par minute, l'effet utile a toujours été compris entre les 78 et les 79 centièmes du travail moteur. Ces différences sont de l'ordre des erreurs dont on ne saurait entièrement se garantir.

Nous devons aller au-devant d'une seconde objection. Si l'on nous demandait pourquoi, en ne citant que quelques nombres, nous choisissons les séries dont les résultats moyens sont les plus élevés, notre réponse serait facile.

L'eau est lancée dans la turbine par des orifices dont un vannage permet de varier la hauteur. De cette hauteur dépend la quantité d'eau consommée par la roue dans un temps donné. Eh bien ! plus cette hauteur d'ouverture augmente, plus la quantité d'eau consommée devient considérable, plus l'effet utile s'accroît et se rapproche du travail moteur. Cela ressort avec évidence de la marche régulière des chiffres. Nous sommes donc fondés à dire qu'aucune des séries ne présente encore les circonstances les plus favorables à la machine, et que si on veut la juger, surtout relativement à d'autres, il faut, autant qu'il est possible, se rapprocher de ces conditions de meilleur effet. Des obstacles matériels, que M. Morin signale, l'ont seuls empêché de pousser jusque-là les expériences. Ajoutons toutefois que même encore pour des levées de vanne et des dépenses d'eau moins considérables et moins avantageuses, l'effet utile diffère long-temps assez peu de celui que nous avons cité.

Si, pour une même dépense d'eau, on fait varier la vitesse des turbines au-delà des limites déjà très-étendues dans lesquelles il convient de se renfermer, on voit à la vérité leur puissance s'affaiblir rapidement. Mais de quel moteur n'en est-il pas ainsi? Les limites d'effet avantageux sont encore plus resserrées pour les autres roues hydrauliques ; l'action des hommes, celle de la vapeur ont, comme on le sait, relativement à chaque mode d'application, des vitesses convenables dont on ne saurait s'écarter sans diminuer leur produit.

Puisque nous avons abordé cette grave et délicate question de comparer les turbines à d'autres moteurs, il est d'autant plus naturel de nous y arrêter encore, que le précédent Mémoire de M. Morin, Mémoire dont celui que nous analysons est la suite, nous offre, relativement aux roues hydrauliques le plus communément employées, les élémens de la comparaison déterminés avec le même appareil et par le même ingénieur.

Veut-on connaître le résultat le plus immédiat de cette comparaison? Ce que nous avons dû regarder comme une limite d'effet inférieure à l'effet le plus avantageux des turbines, c'est déjà, d'après M. Morin, pour la turbine de Müllbach, la plus grande action des roues à augets les mieux établies; c'est déjà, pour la turbine de Moussay, le plus grand effet de la roue de côté de l'atelier des meules à Baccarat, lorsque cette dernière roue marche dans les conditions les plus favorables.

Une seule roue de côté dans les expériences de M. Morin, celle de la taillerie de cristaux du même établissement, semble donner un résultat de très-peu supérieur. Mais cette supériorité n'est qu'apparente.

Pour le prouver, quelques détails sont nécessaires. Quand on veut évaluer la puissance d'un cours d'eau, dans l'impossibilité d'en jauger directement le volume, on le force ordinairement à passer sur un déversoir. La nappe qui s'incline au-dessus du seuil de cette espèce de barrage, fournit une quantité de liquide dépendant principalement de la hauteur du niveau dans le bief supérieur. Cette quantité dans chaque cas, pourvu que toutes les circonstances soient exactement pareilles, se calcule à l'aide d'une formule empirique, déduite d'expériences directes et toujours très-délicates.

Eh bien! des expériences récentes de M. Castel, publiées par M. d'Aubuisson, ont conduit à modifier légèrement la formule précédemment admise. Ces expériences n'étaient pas connues lorsque

M. Morin étudiait la roue de la taillerie à Baccarat. Il en résulte que là il estimait d'après l'ancienne formule le volume du cours d'eau, tandis que dans les observations faites sur les turbines, il évalue la dépense par la formule corrigée.

La différence des deux modes d'évaluation est en faveur de la roue de la taillerie; si l'on rectifie l'ancien calcul d'après les données actuelles, on trouve sensiblement, pour les deux roues de côté, le même effet utile, à très-peu près égal à l'effet maximum observé de la turbine de Moussay.

Ce n'est pas tout encore: dans la roue de la taillerie de Baccarat, la tête de la vanne qui forme le seuil du déversoir est arrondie, dans les déversoirs sur lesquels on a mesuré la quantité d'eau employée par les turbines de Moussay et de Müllbach, le seuil se termine en amont par une arête vive. Sur cette arête, la surface inférieure de la nappe liquide se relève et cette circonstance diminue le volume d'eau qui s'écoule. Si l'évaluation de ce volume est juste à Moussay et à Müllbach, elle est trop faible à Baccarat. La différence tourne encore à l'avantage de l'ancienne roue. Des mesures directes pourraient seules lever ces petites incertitudes.

De ces détails trop longs peut-être, nous nous croyons en droit de conclure, qu'en faisant une part convenable aux erreurs des jaugeages, les turbines observées par M. Morin sous de grandes chutes d'eau offrent *au moins* des résultats aussi avantageux que les meilleures roues ordinaires. On remarquera qu'il s'agit de moteurs équivalant à l'action de 40, 60 et 90 chevaux.

Si l'on rapproche ces résultats de ceux qu'une commission d'ingénieurs habiles, MM. Mary, Saint-Léger, Maniel, ont obtenus sur la turbine d'Inval; de ceux que M. Fourneyron lui-même avait publiés antérieurement sur la même roue, on arrive constamment à des conclusions semblables.

Partout et sous des chutes qui ont varié depuis la faible valeur de 3 décimètres (1 pied) jusqu'à 1, 2, 3 et 7 mètres, le travail disponible transmis par les turbines a pu atteindre jusqu'aux 7 ou 8 dixièmes environ du travail moteur.

Voilà pour l'effet utile considéré d'une manière absolue.

Par rapport aux applications, par rapport aux circonstances variables, où un moteur hydraulique peut se trouver placé, les turbines offriront de nouveaux avantages.

Elles sont de toutes les roues hydrauliques celles qui, sous le plus petit volume, utilisent la plus grande quantité d'eau.

L'eau qui les pousse ne pèse presque point sur leur axe.

Les énormes vitesses, les vitesses variables qu'on peut leur laisser prendre sans rien sacrifier de leur action, permettent de supprimer dans beaucoup d'usines ces engrenages, ces axes pesans destinés à transmettre avec accélération, mais aussi avec perte d'effet, le mouvement si peu rapide lorsqu'il est le plus avantageux, des grandes roues à augets.

Une autre propriété des turbines est plus importante encore. M. Morin, comme les ingénieurs qui l'ont précédé, remarque qu'elles fonctionnent aussi bien étant noyées que hors de l'eau ; ce serait mieux qu'il faudrait dire, s'il était permis de s'arrêter à de légères différences.

A plus d'un mètre de profondeur sous l'eau, les nappes liquides s'échappent des aubes avec autant de facilité qu'à la surface. L'action ne dépend que de la différence de niveau en amont et en aval : peu importe la hauteur absolue de part et d'autre.

On voit de suite combien cette propriété des nouvelles roues est précieuse : elle permet de profiter, dans tous les temps, de la chute entière du cours d'eau.

Qu'arrive-t-il, au contraire, avec les roues verticales? Si le niveau s'élève dans le bief d'aval, si une portion des aubes est noyée à la partie inférieure, le moteur ne fonctionne plus qu'avec perte et avec peine: veut-on soulever la roue? il faudra encore soulever le coursier. Pour éviter ces complications, il arrive qu'on préfère souvent élever tout le système d'une manière invariable, n'utiliser qu'une partie de la chute, quand elle est forte, pour se trouver à une hauteur convenable, quand elle vient à diminuer.

Ainsi, la comparaison que les turbines soutenaient avec avantage auprès des anciennes roues, considérées dans les circonstances qui leur sont le plus avantageuses, aurait été bien plus favorable encore aux nouveaux moteurs dans le plus grand nombre de cas.

Cette confirmation de la haute valeur des turbines, que viennent d'apporter les belles expériences de M. Morin, cette propriété surtout de ne rien perdre pour être plongées, d'engloutir et d'utiliser sous un volume médiocre de grandes masses d'un puissant cours d'eau, nous autorise à rappeler la proposition que l'un de vos commissaires, M. Arago, a faite il y a déjà long-temps, de substituer ces roues nouvelles aux machines antiques qui fournissent si mesquinement à la consommation d'eau de la ville de Paris. A l'époque où la proposition de M. Arago fut mise en avant, l'expérience n'avait point encore prononcé sur ce qu'on en pouvait attendre. Depuis cette époque, trois séries de mesures sont venues confirmer les prévisions de notre confrère. Elles les ont confirmées pour des circonstances analogues à celles où les turbines devraient fonctionner, noyées à une profondeur variable dans les eaux de la Seine. Aujourd'hui, il ne peut rester aucun doute sur le résultat de leur établissement.

Outre les expériences directes sur l'effet des turbines, le Mémoire de M. Morin contient encore des recherches sur la dépense d'eau qui a lieu par les orifices d'où la veine s'élance sur les aubes. Mais ces déterminations étant elles-même subordonnées à la détermination de la dépense qui se fait sur le déversoir, peuvent être sujettes encore aux mêmes incertitudes, qui toutefois sont très-légères.

Pour nous résumer, le travail de M. Morin est digne d'éloges sous le rapport du nombre et de l'exactitude des observations, sous le rapport de la difficulté vaincue et de l'utilité pratique : vos commissaires vous proposent d'accorder votre approbation à son Mémoire et d'en ordonner l'impression dans le recueil des *Savans étrangers*.

Ces conclusions sont adoptées.

EXPÉRIENCES

SUR

LES ROUES HYDRAULIQUES A AXE VERTICAL

APPELÉES TURBINES.

1. Parmi les tentatives faites depuis quelques années pour améliorer les moteurs hydrauliques, l'une des plus remarquables par son succès est celle qui est due à M. Fourneyron, ingénieur civil, qui, avec cette constance et cette ténacité, qui conduisent au but, est parvenu à donner aux roues à axe vertical, qu'on nomme turbines, des formes et des proportions qui en font un moteur précieux, sous beaucoup de rapports pour l'industrie.

Depuis long-temps on employait dans les Pyrénées les roues à axe vertical, et les moulins de Toulouse, décrits par Bélidor, offrent un exemple remarquable de leur application immédiate à la mouture des farines. Mais ces roues, où l'eau entre et sort par la circonférence extérieure, après y avoir agi par le choc seulement, n'utilisent, dans les circonstances les plus favorables, que 0,35 du travail dépensé par le moteur. C'est ce que constatent des expériences faites en 1821, par MM. Tardy et Piobert, officiers d'artillerie, et dont plusieurs seront rapportées plus loin. D'autres roues du même genre, établies à Metz, depuis trois siècles

*

environ, et dont quelques-unes existent encore, sont loin de rendre autant que celles de Toulouse, et d'après les observations faites en 1825 par M. Poncelet, sur leur produit en mouture, elles n'utiliseraient que $\frac{1}{15}$ du travail absolu dépensé par le moteur.

M. Navier, dans ses notes sur l'architecture hydraulique de Bélidor, avait donné la théorie de ces roues, ainsi que celle d'une sorte de roue à aubes courbes, recevant l'eau sans choc et la laissant échapper sans vitesse, après qu'elle était descendue d'une certaine hauteur sur la roue, en suivant la surface des aubes, et il avait aussi traité le cas où l'eau entrerait plus près ou plus loin de l'axe qu'elle n'en sortirait. Cette dernière théorie, qui se rapportait alors aux diverses roues à réaction, connues ou proposées, s'applique aussi à la turbine de M. Fourneyron, en égalant à zéro la hauteur que l'eau parcourt sur la roue.

M. Poncelet, dans ses leçons à l'école d'application de l'artillerie et du génie à Metz, avait donné en 1826 la description et la théorie d'une roue à aubes courbes à axe vertical, analogue à sa roue du même genre dont l'axe est horizontal, et qui devait recevoir l'eau sans choc par divers points de sa circonférence extérieure, en la laissant échapper sans vitesse par l'intérieur.

En 1833, M. Burdin, ingénieur des mines, a proposé et fait exécuter un autre genre de roues à axe vertical, décrit dans les annales des mines, troisième série, tome III, et leur a donné le nom de *turbines*, que l'on a, depuis lui, appliqué à toutes les roues à axe vertical, susceptibles de marcher noyées dans l'eau du bief intérieur.

Mais il était réservé à la persévérance de M. Fourneyron, qui depuis 1823 s'occupe de cette question, d'atteindre le degré de perfection auquel il a amené ces roues. Dans un mémoire inséré dans le bulletin de la société d'encouragement, année 1833, cet ingénieur a donné la description de la roue qu'il construit, et pour laquelle il a pris un brevet d'invention.

Le respect pour des droits si justement acquis, par un long et consciencieux travail, nous empêchera de donner sur les formes et proportions des roues que nous avons soumises à l'expérience tous les renseignemens que nous avons été à même de recueillir et dont nous devons une partie à l'ingénieur, et par conséquent nous ne pourrons comparer les résultats de l'expérience à ceux des formules théoriques dans lesquelles ces proportions entrent comme élémens du calcul. Mais ce qu'il importe le plus à l'industrie de connaître, c'est le parti qu'elle peut tirer de ce moteur dans diverses circonstances, et sous ce rapport, les résultats que nous allons faire connaître et ceux que nous espérons observer par la suite, paraîtront sans doute assez complets pour fixer l'opinion d'une manière positive.

EXPÉRIENCES SUR LES ROUES DES MOULINS DE TOULOUSE.

2. Avant de rapporter les résultats des expériences que j'ai faites récemment sur les turbines de M. Fourneyron, il ne sera pas sans intérêt de faire connaître quelques-uns de ceux qui, dès 1821, avaient été observés par MM. Tardy et Piobert sur les différentes espèces de roues des moulins de Toulouse, et parmi lesquels nous choisirons ceux qui sont relatifs aux roues qui ont donné les plus avantageux.

On sait * que l'eau est conduite sur ces roues par une sorte de buse pyramidale appelée *canelle*, et qu'après avoir choqué les palettes concaves de la roue, elle s'échappe par dessous et par le côté. Il était important de calculer avec soin la dépense d'eau faite par ce genre d'orifice sous des charges données, ou le coefficient de la dépense qui leur convenait. C'est aussi ce qui a d'abord occupé ces habiles officiers, et ils sont parvenus à déterminer ce coefficient, en observant avec soin la durée de la vidange des écluses formant réservoir en amont des usines, et ils ont trouvé 0,90 pour sa valeur moyenne dans ce cas. Cela fait, ils ont pu calculer la dépense d'eau de ces canelles pour chaque hauteur du niveau, ainsi que la quantité de travail absolu développée par le moteur.

Quant à l'effet utile, il était mesuré à l'aide d'un appareil analogue au frein dynamométrique, que M. de Prony venait de proposer et d'employer vers la même époque, mais qui leur était alors inconnu.

La formule théorique de l'effet utile de ces roues donnée par M. Navier et par M. Poncelet est

$$Pv = \frac{1000\,Q}{g}(V \sin \alpha - v \sin \beta)\, v \sin \beta,$$

dans laquelle on nomme,

* Architecture hydraulique de Bélidor; édition de M. Navier.

P l'effort transmis par l'eau à la circonférence décrite par le point d'arrivée du filet moyen sur la roue,

Q le volume d'eau dépensé en 1″,

v la vitesse à la circonférence du point d'arrivée de l'eau,

V la vitesse de l'eau affluente,

α l'angle formé par la vitesse V avec la palette au point d'arrivée,

β l'angle formé par la vitesse v avec la palette au même point,

$g = 9^{m},8088$.

Il suit de cette formule que le maximum d'effet doit correspondre à la relation

$$v = \frac{V}{2 \sin \beta}.$$

Dans les roues des moulins de Toulouse on fait ordinairement

$$\alpha = 90^{\circ}, \quad \beta = 70^{\circ}, \quad \text{ou} \quad \sin \alpha = 1, \quad \sin \beta = 0,94.$$

Pour celle du Moulin-Neuf, sur laquelle ont été faites les expériences que nous allons rapporter, le point d'arrivée du filet moyen était à une distance de $0^{m},53$ de l'axe de la roue.

D'après ces élémens, il a été facile de former le tableau suivant, qui contient les résultats de ces expériences.

Expériences sur l'une des roues du Moulin-Neuf à Toulouse.

Nos des expériences.	POIDS de l'eau dépensée en 1″. 1000Q.	CHUTE totale.	TRAVAIL absolu du moteur en 1″.	VITESSE d'arrivée de l'eau sur la roue. V	VITESSE du point d'arrivée de l'eau sur la roue. v	RAPPORT des vitesses. $\frac{v}{V}$	EFFET utile théorique.	EFFET utile mesuré par le frein ou travail disponible.	RAPPORT du travail disponible à l'effet théorique.	au travail absolu du moteur.
	kil	m	km	m	m		km	km		
1	341,1	4,39	1351	9,08	6,33	0,70	647	214	0,300	0,153
2	338,8	4,32	1318	9,00	6,76	0,75	581	211	0,370	0,162
3	302,8	4,26	1290	8,94	6,09	0,68	567	402	0,700	0,312
4	301,4	4,23	1275	8,91	5,76	0,65	581	408	0,700	0,320
5	299,0	4,17	1248	8,84	5,66	0,65	539	421	0,770	0,330
6	295,0	4,07	1201	8,73	5,76	0,62	539	352	0,650	0,293
7	294,0	4,04	1187	8,69	4,76	0,54	566	479	0,840	0,403
8	291,0	3,96	1151	8,60	4,99	0,58	543	451	0,830	0,392
								Moyennes.	0,750	0,342

3. *Conséquences des résultats contenus dans le tableau précédent.* L'examen de ce tableau montre que pour des valeurs de la vitesse v du point d'introduction de l'eau sur la roue, comprises entre 0,54 et 0,68 de celle V de l'eau affluente, le rapport de l'effet utile mesuré par le frein à l'effet théorique est moyennement égal à 0,75 et que, par conséquent, cet effet utile sera représenté, à moins de $\frac{1}{8}$ près, par la formule

$$Pv = \frac{750\,Q}{g}(V\sin\alpha - v\sin\beta)\,v\sin\beta.$$

Quant au rapport du travail disponible, mesuré par le frein, au travail absolu dépensé par le moteur entre les mêmes limites, il a pour valeur moyenne

$$0{,}342\,;$$

ce qui montre que ces roues rendent à peu près autant que les roues à palettes planes et à axe horizontal bien construites, qui reçoivent l'eau par la partie inférieure.

La relation

$$v = \frac{V}{2\sin\beta},$$

qui correspond au maximum d'effet, donne, dans le cas actuel, où $\sin\beta = 0{,}94$,

$$v = 0{,}55\,V,$$

et l'expérience montre que le maximum d'effet correspond aux valeurs

$$v = 0{,}54\,V \quad \text{et} \quad v = 0{,}58\,V;$$

ce qui s'accorde avec le résultat de la théorie.

Les expériences de MM. Tardy et Piobert, mettent donc à même de déterminer l'effet utile d'une roue à palettes creuses et à axe vertical, sur laquelle l'eau agit par le choc, entre les limites ordinaires de vitesses, et montre que les meilleures de ces roues ne rendent pas plus de 0,35 à 0,40 du travail dépensé par le moteur.

EXPÉRIENCES SUR LES TURBINES DE M. FOURNEYRON.

4. **Description générale des turbines.** Sans entrer dans des détails de construction, il nous semble indispensable de faire précéder les résultats d'expériences d'une description sommaire des machines auxquelles elles

se rapportent, et nous choisirons pour exemple la turbine établie aux forges de Fraisans, en renvoyant d'ailleurs pour de plus grands développemens aux mémoires que l'inventeur a présentés à la société d'encouragement pour l'industrie nationale, et qui sont insérés dans le bulletin de cette société pour l'année 1834.

Les deux parties essentielles des turbines de M. Fourneyron, sont la roue ou couronne à aubes courbes et le vannage.

La roue *aa* (Pl. I, Fig. 1, 2 et 3) est formée par une couronne annulaire supérieure en tôle forte, et par une couronne inférieure coulée d'une seule pièce avec une base concave qu'on nomme la *calotte cc;* ces deux couronnes concentriques à l'axe de rotation, sont placées horizontalement et réunies par des aubes courbes *dd*, disposées verticalement et en tôle forte. La calotte est assemblée sur l'arbre de rotation avec lequel elle est solidaire et qu'elle entraîne dans son mouvement de rotation.

Le vannage se compose du fond ou plateau fixe *ee*, assemblé sur un tuyau creux en fonte, que traverse l'arbre de la roue, et qui est soutenu dans sa partie supérieure par des pièces de charpente ou par des supports en maçonnerie. Sur ce plateau s'élèvent verticalement des courbes directrices *ff* destinées, comme nous le dirons tout à l'heure, à donner à l'eau la direction convenable à sa sortie de l'orifice d'écoulement.

Un cylindre creux en fonte *gg*, dont les arêtes sont parallèles à l'axe de rotation, s'interpose entre la roue et les courbes directrices, et forme la vanne proprement dite. Ce cylindre se meut concentriquement à un autre *ii* qui est fixe et contre lequel il frotte par son bord supérieur, garni d'une rondelle de cuir, ce qui interdit tout passage à l'eau quand il est abaissé sur le plateau fixe *ee*.

Lorsqu'au contraire on élève le cylindre mobile *gg*, l'eau s'écoule entre son bord inférieur et le plateau *ee* et peut alors pénétrer dans la roue.

Les courbes directrices *ff* sont disposées de manière que l'eau entre sans choquer sensiblement les aubes de la roue, et le liquide prenant sur celle-ci un mouvement relatif, dirigé en sens contraire du mouvement de transport général de la roue, il résulte des proportions adoptées et des rapports établis entre les vitesses que l'eau entre à peu près sans choc et sort avec une vitesse absolue très-faible, ce qui satisfait, comme on sait, aux conditions générales du maximum d'effet des moteurs hydrauliques.

Des coussinets en bois *kk* fixés à la vanne et qui glissent entre le courbes directrices, diminuent, par la forme arrondie de leur partie inférieure, les effets de la contraction, qui se trouve ainsi à peu près supprimée ou au moins très-diminuée sur les quatre côtés de l'orifice.

Le mouvement est transmis au vannage par trois tiges *ll*, taraudées à leur partie supérieure et autour desquelles tournent trois pignons de même diamètre, faisant fonction d'écrous fixes et qui reçoivent le mouvement par une même roue concentrique au tuyau vertical que traverse l'arbre. Cette disposition ingénieuse assure le parallélisme du mouvement du vannage.

L'arbre dépasse le tuyau creux et reçoit à sa partie supérieure une roue d'engrenage, qui transmet le mouvement dans l'intérieur de l'usine.

A sa partie inférieure, cet arbre repose, par une crapaudine renversée, sur un pivot que l'on peut élever au besoin, à l'aide d'un levier, et qui, par un dispositif heureux, est continuellement alimentée d'huile, quoiqu'elle soit plongée dans l'eau. La légèreté ordinaire de ces roues, la présence constante de l'huile, qui lubrifie les surfaces frottantes et le voisinage de l'eau, qui les empêche de s'échauffer, éloignent toute crainte de voir le pivot s'user et l'expérience de plusieurs années prouve la bonté des dispositions adoptées.

Les turbines rendant un effet utile aussi grand, par rapport à la dépense, quand elles sont noyées que quand elles ne le sont pas, comme on le verra plus loin, M. Fourneyron est dans l'usage de les placer de façon que la couronne supérieure se trouve au niveau des plus basses eaux de l'été. Il en résulte qu'en tous temps on utilise la totalité de la chute, ce qui est surtout avantageux dans la saison où l'on manque d'eau.

Cette courte description suffisant pour l'intelligence du jeu de la roue, nous allons passer à l'exposition des résultats d'expériences qui font l'objet de ce mémoire.

EXPÉRIENCES SUR LA TURBINE DU TISSAGE DE MOUSSAY, PRÈS SENONES (DÉPARTEMENT DES VOSGES).

5. *Description sommaire.* Il a été établi en 1836, au village de Moussay, près de Senones, dans le département des Vosges, un tissage mécanique appartenant à MM. Ed. Laurent et compagnie, et qui a été mis en activité au printemps de 1837. Mon service m'ayant conduit à cette époque dans ces usines, j'en profitai pour demander aux propriétaires de

cet établissement la permission de faire sur ce moteur des expériences qui missent à même d'en apprécier l'effet. Ma proposition fut accueillie avec empressement par ces industriels éclairés, et ils eurent l'obligeance de faire toutes les dispositions nécessaires pour monter le frein que je leur envoyai. Leur usine et leurs ouvriers furent libéralement mis à notre disposition. M. Fourneyron se rendit de son côté à l'invitation qui lui fut faite d'assister aux expériences, et c'est avec sa coopération qu'elles ont été exécutées. Des industriels et des ingénieurs du voisinage s'empressèrent de venir être témoins et de nous prêter leur concours pour les observations, qui purent ainsi être faites et contrôlées par plusieurs personnes.

Le moteur de l'usine est une turbine de $0^m,85$ de diamètre extérieur, dont l'arbre vertical transmet directement le mouvement à l'arbre de couche du tissage, au moyen d'un seul engrenage conique.

L'eau arrive à l'usine par un canal de trois mètres environ de largeur, d'une forme régulière, qui la conduit dans un réservoir prismatique de cinq mètres de largeur, dans lequel débouche un large tuyau vertical communiquant par un tuyau horizontal très-court avec le cylindre qui contient le vannage de la turbine. Ce cylindre, dans lequel se meut la vanne, est fermé à sa partie supérieure et traversé par l'arbre vertical, dont l'extrémité se trouve à la hauteur convenable pour que l'arbre de couche de l'atelier passe un peu au-dessous du plafond du rez-de-chaussée. De la sorte, quoique la chute totale soit de $8^m,04$ environ, la transmission du mouvement se fait de suite à la hauteur convenable, sans aucune sujétion.

6. *Dispositions adoptées pour les expériences.* Le frein composé d'un collier en fonte de $0^m,80$ de diamètre, tourné à sa circonférence extérieure, a été placé sur l'arbre même de la turbine et le levier disposé horizontalement était soutenu à son extrémité par une corde de 6 à 7 mètres de longueur attachée à la charpente, afin qu'il ne s'abaissât pas par son propre poids. Sur une poulie de renvoi, placée dans une direction perpendiculaire à celle que ce levier devait conserver, lorsqu'il était en équilibre, passait une courroie à laquelle était suspendue la caisse qui contenait la charge du frein. Pour s'assurer que le levier et cette courroie conserveraient pendant les expériences cette direction perpendiculaire, on suspendit à un point fixe un fil à plomb au-dessous duquel la ligne

milieu du levier devait être constamment maintenue. La perpendiculaire abaissée de l'axe de la roue sur la direction de la courroie, ou le bras de levier de la charge, avait 2^{m},505 de longueur.

Pour assurer la régularité du frottement, on arrosait continuellement d'eau le coussinet du frein, de manière à maintenir les surfaces dans le même état d'humidité. Par suite de cette précaution, le levier restait presque constamment au-dessous de la verticale du fil à plomb, sans que ses oscillations dépassassent l'étendue de 0^{m},04 à 0^{m},05 et sans qu'aucun accout ait occasionné des chocs violens, comme cela arrive ordinairement, quand l'état d'humidité ou d'onctuosité des surfaces varie. Il est aussi résulté de cet arrosage continuel que l'on n'a pas employé de graisse pour ces expériences et que la température des surfaces en contact ne s'est pas élevée, même aux plus grandes vitesses, au-delà des limites tolérables, et que, pour les refroidir, il a suffi de continuer à les arroser pendant les interruptions occasionnées par le passage d'une série d'expériences à une autre.

7. *Jaugeage du volume d'eau dépensé.* Il était indispensable de donner le plus de précision possible aux moyens employés pour jauger la dépense d'eau faite par les orifices de la turbine, et il eût été gênant et difficile d'établir un barrage dans le canal de fuite, qui est voûté et placé à une assez grande profondeur; mais le canal d'arrivée offrant pour cela toute facilité, on éleva, à son extrémité la plus rapprochée de l'usine, un barrage en déversoir de 2^{m},682 de largeur, dont les bords verticaux, éloignés de 0^{m},25 de ceux du canal, étaient à vive arête, ainsi que le seuil, qui se trouvait à 0^{m},60 au moins du fond du canal. L'eau n'arrivait ainsi dans le réservoir ou la *huche* qui précède la roue, qu'après avoir passé sur ce déversoir dont le seuil n'était jamais noyé pendant les expériences. Cette disposition faisait perdre une portion de la chûte, et l'a réduite, pour les expériences, à 7^{m},50 environ, ce qui n'avait pas d'inconvéniens pour les expériences en général; mais, pour pouvoir en faire quelques-unes sous la charge totale dont l'usine peut disposer, on supprima plus tard ce barrage et alors on calcula la dépense d'eau à l'aide des observations faites pendant les premières séries, en procédant de la manière suivante.

8. *Calcul du volume d'eau dépensé à l'aide des dimensions des orifices.* La somme des plus courtes distances entre le bord d'une courbe

directrice et le revers de la courbe voisine étant de $0^m,689$ et la levée de la vanne étant connue pour chaque expérience on en déduisait facilement la somme des aires de tous les orifices par lesquels l'eau s'échappe et par suite la dépense théorique, puisque la charge qui produisait l'écoulement était aussi connue. En comparant cette dépense théorique à la dépense calculée, d'après les données d'observations recueillies au déversoir, on en a déduit quel était, pour chaque levée de la vanne de la turbine, le coefficient de la dépense convenable à ces orifices.

Pour calculer la dépense d'eau faite par le déversoir, on a employé la formule

$$Q = 0,405\,LH\sqrt{2gH},$$

qui correspond à cette autre formule

$$Q = 1,79\,LH^{\frac{3}{2}}.$$

Ce qui nous a déterminé à adopter cette formule, c'est que les bords de ce déversoir étaient éloignés de $0^m,25$ au moins de ceux du canal, que la contraction avait à peu près lieu sur trois côtés de l'orifice, et que d'une autre part la garniture du vannage laissait échapper un peu d'eau qui n'agissait pas sur la turbine. Il nous semble, en conséquence, qu'en adoptant pour le déversoir le coefficient 0,405, nous avons estimé la dépense plutôt au-dessus qu'au-dessous de sa valeur réelle.

Le tableau suivant contient les résultats de la comparaison des dépenses théoriques calculées d'après les dimensions des orifices de la turbine et de la dépense effective calculée par la formule ci-dessus.

COMPARAISON de la dépense effective et de la dépense théorique faite par les orifices de la turbine.

NUMÉROS des expériences.	SOMMES des aires des orifices.	CHARGE D'EAU ou différence de hauteur des niveaux d'amont et d'aval.	DÉPENSE D'EAU en 1"		RAPPORT de la dépense effective à la dépense théorique ou coefficient de la dépense.	OBSERVATIONS.
			théorique	effective.		
	mq	m	mc	mc		
1	0,0344	7,091	0,405	0,362	0,892	
2	0,0337	7,056	0,396	0,362	0,914	
3	0,0320	7,160	0,379	0,362	0,954	
4	0,0344	7,255	0,411	0,372	0,904	
5	0,0344	7,229	0,408	0,364	0,890	
6	0,0344	7,131	0,407	0,363	0,892	
7	0,0344	6,927	0,402	0,349	0,869	
8	0,0324	7,127	0,383	0,373	0,975	
9	0,0330	7,313	0,395	0,349	0,884	
10	0,0330	7,239	0,393	0,360	0,915	
11	0,0330	7,294	0,394	0,351	0,890	
12	0,0330	7,134	0,390	0,351	0,900	
13	0,0330	7,034	0,388	0,345	0,889	
14	0,0330	6,854	0,382	0,348	0,910	
15	0,0324	7,395	0,390	0,378	0,970	
16	0,0351	7,375	0,422	0,389	0,915	
17	0,0351	7,087	0,413	0,375	0,909	
18	0,0344	6,911	0,401	0,366	0,910	
				Moyenne.	0,910	
19	0,0517	7,278	0,617	0,523	0,848	
20	0,0495	7,333	0,593	0,534	0,889	
21	0,0544	7,105	0,640	0,540	0,842	
22	0,0503	7,285	0,602	0,540	0,896	
23	0,0503	7,150	0,596	0,515	0,864	
24	0,0489	6,951	0,570	0,523	0,918	
25	0,0489	6,986	0,571	0,520	0,910	
26	0,0489	7,017	0,573	0,522	0,909	
27	0,0489	7,019	0,574	0,512	0,891	
28	0,0489	7,002	0,573	0,458	0,799	
29	0,0489	6,994	0,572	0,512	0,894	
30	0,0489	7,046	0,575	0,515	0,895	
				Moyenne.	0,880	

9. *Conséquences des résultats contenus dans le tableau précédent.* On voit par ce tableau que le coefficient de la dépense qui, pour la levée de vanne de $0^{m},050$, est moyennement égal à 0,910, s'abaisse à 0,88 quand elle devient égale à $0^{m},071$ ou $0^{m},073$. Cette diminution est une suite de la disposition des orifices de sortie, pour lesquels il n'y a de contraction ni sur le fond ni sur les côtés verticaux, et dont le côté supérieur est garni d'un coussinet en bois arrondi à ses angles intérieurs, et qui dirige convenablement la veine fluide avant qu'elle n'atteigne l'orifice. Pour les faibles levées de vanne bien inférieures à la largeur de ce coussinet, les filets sortent horizontalement et n'éprouvent sur les côtés d'autre contraction que celle qui peut provenir de la convergence des courbes directrices; ce qui met l'orifice dans des circonstances tout à fait analogues à celles des buses coniques ou pyramidales et explique comment le coefficient de la dépense peut s'élever à 0,91.

A mesure que la vanne s'élève davantage, le coussinet n'ayant plus autant d'influence sur la direction des filets fluides, la contraction sur le côté supérieur de l'orifice n'est pas aussi complètement annulée, le coefficient de la dépense doit diminuer, et cette diminution doit augmenter avec la levée de la vanne, jusqu'à ce que cette levée soit égale à la hauteur de la turbine.

On verra plus loin, par les observations faites sur la turbine du Müllbach, que cette induction est complètement vérifiée.

Ces observations, qui rendent, à ce qu'il nous semble, bien compte des variations du coefficient de la dépense convenable à ces orifices, nous ont permis de calculer par interpolation la valeur du coefficient de la dépense convenable aux cas où la levée de la vanne était de $0^{m},086$ et de $0^{m},107$, pour lesquels nous n'avons opéré qu'en supprimant le déversoir de jauge. A cet effet nous avons admis que dans une étendue aussi limitée que celle de nos expériences, le décroissement du coefficient était proportionnel à la différence des levées de vanne, ce qui ne peut évidemment conduire à aucune erreur notable. C'est d'après cette base que nous avons adopté, pour le coefficient de la dépense correspondant à la levée de vanne de $0^{m},086$, la valeur 0,86, et pour la levée de vanne de $0^{m},107$, la valeur 0,83.

10. *Observation des données des expériences.* La grande vitesse de la roue empêchant de compter à la vue les tours qu'elle faisait, on a disposé

près d'une clef de calage une lame de ressort qu'elle venait choquer à chaque tour, et deux observateurs guidés par le bruit comptaient en même temps et à plusieurs reprises le nombre de tours faits en 1'.

La chute totale a été mesurée pour chaque expérience par l'observation simultanée de deux flotteurs placés l'un en amont dans la huche, et l'autre en aval dans le bassin inférieur. Ces flotteurs gradués et repérés à des points fixes, avaient été placés dans de petites caisses et dans des lieux convenables pour mettre leurs indications à l'abri de l'influence des ondulations du niveau. Le flotteur d'aval servait aussi à déterminer la hauteur dont la couronne inférieure de la turbine était noyée.

Toutes ces dispositions étant prises, on a procédé à l'exécution des expériences dont les résultats sont consignés dans le tableau suivant.

Expériences faites en mai 1837 sur la turbine du tis

N^os^ des expériences.	LEVÉE de la vanne de la turbine.	CHARGE d'eau sur le seuil du déversoir de 2m,682 de largeur.	POIDS de l'eau dépensée en 1''.	CHUTE totale.	TRAVAIL ABSOLU du moteur en kilogrammes élevés à 1m en 1''.	TRAVAIL ABSOLU du moteur en chevaux de 75 k.m.	CHARGE du frein.	NOMBRE de tours de la roue en 1'.	VIT… que l… de sus… de la … ten… prend…
	m	m	kil	m	k.m	ch	kil		
1	0,0590	0,179	362	7,091	2567	34,25	7,50	255	6
2	0,0490	0,179	362	7,056	2554	34,18	10,50	240	6
3	0,0465	0,179	362	7,160	2592	34,52	12,50	222	5
4	0,0500	0,184	372	7,255	2697	35,96	12,50	243	6
5	0,0500	0,1815	364	7,229	2624	35,00	15,50	228	5
6	0,0500	0,181	363	7,131	2588	34,51	17,50	221	5
7	0,0500	0,1755	349	6,927	2419	32,26	20,50	210	5
8	0,0470	0,185	373	7,127	2659	35,46	22,50	190	4
9	0,0480	0,1755	349	7,313	2551	34,02	25,50	190	4
10	0,0480	0,179	360	7,239	2606	34,75	27,50	178	4
11	0,0480	0,176	351	7,294	2553	34,04	30,50	168	4
12	0,0480	0,176	351	7,134	2504	33,39	32,50	163	4
13	0,0480	0,174	345	7,034	2427	32,36	35,50	153	4
14	0,0480	0,175	348	6,854	2384	31,78	37,50	152	3
15	0,0470	0,187	378	7,395	2795	37,27	40,50	146	3
16	0,0510	0,188	387	7,375	2854	38,05	42,50	152	3
17	0,0510	0,184	375	7,087	2657	35,43	47,50	135	3
18	0,0500	0,181	366	6,911	2529	34,05	52,50	108	2
19	0,075	0,230	523	7,278	3807	50,76	32,50	240	6
20	0,072	0,233	534	7,333	3914	52,20	37,50	228	5
21	0,079	0,235	540	7,105	3837	51,16	42,50	227	5
22	0,073	0,235	540	7,285	3934	52,45	47,50	207	5
23	0,073	0,227	515	7,150	3682	49,06	52,50	173	4
24	0,071	0,226	523	6,951	3635	48,46	57,50	150	3
25	0,071	0,228	520	6,986	3633	48,44	62,50	138	3
26	0,071	0,225	522	7,017	3663	48,84	67,50	120	3
27	0,071	0,224	512	7,019	3594	47,92	72,50	106	2
28	0,071	0,222	502	7,002	3515	47,00	77,50	98	[illegible]
29	0,071	0,224	512	6,994	3579	47,72	82,50	84	[illegible]
30	0,071	0,227	515	7,046	3629	48,38	87,50	76	[illegible]

nique de Moussay, près Senones (département des Vosges).

EFFET UTILE par le frein ou quantité travail disponible		RAPPORT de l'effet utile mesuré par le frein au travail absolu du moteur.	HAUTEUR dont la turbine est noyée, au-dessus de la couronne inférieure.	OBSERVATIONS.
ammes à 1m m.	en chevaux de 75 k.m.			
01	ch 6,68	0,195	m 0,307	
59	8,78	0,258	0,302	
26	9,68	0,280	0,303	
95	10,60	0,295	0,303	
25	12,33	0,352	0,301	
13	13,51	0,353	0,301	
28	15,02	0,466	0,301	
20	14,93	0,420	0,296	
67	16,89	0,497	0,295	
81	17,08	0,496	0,296	
42	17,89	0,525	0,294	
87	18,49	0,553	0,294	
23	18,97	0,586	0,294	
92	19,89	0,626	0,294	
47	20,62	0,553	0,293	
91	22,54	0,593	0,293	
67	22,22	0,627	0,293	
35	19,80	0,587	0,287	
44	27,25	0,5[illegible]7	0,395	
38	29,84	0,572	0,360	
28	33,70	0,659	0,353	
74	34,32	0,654	0,350	
78	31,70	0,643	0,348	
60	30,12	0,622	0,342	
57	30,08	0,621	0,342	
19	28,25	0,578	0,341	
15	26,86	0,561	0,341	
84	26,45	0,563	0,341	
16	24,20	0,506	0,343	
42	23,20	0,480	0,342	

Suite des *Expériences faites en mai 1837 sur la turbine du ti*

Nos des expériences.	LEVÉE de la vanne de la turbine.	CHARGE d'eau sur le seuil du déversoir de 2m,682 de largeur.	POIDS de l'eau dépensée en 1''.	CHUTE totale.	TRAVAIL ABSOLU du moteur en kilogrammes élevés à 1m en 1''.	TRAVAIL ABSOLU du moteur en chevaux de 75 k.m.	CHARGE du frein.	NOMBRE de tours de la roue en 1'.	VI… que l… de su… de la… tem… prend
	m	m	kil	m	k.m	ch	kil		
31	0,071	»	525	7,522	3948	52,64	42,50	222	5…
32	0,071	»	527	7,562	3984	53,12	52,50	201	5…
33	0,071	»	527	7,563	3985	53,13	62,50	158	4…
34	0,071	»	527	7,554	3979	53,05	72,50	130	3…
35	0,071	»	519	7,554	3920	52,30	82,50	102	[illegible]
36	0,071	»	527	7,556	3979	53,05	92,50	80	[illegible]
37	0,086	»	616	7,421	4571	60,94	42,50	250	[illegible]
38	0,086	»	618	7,476	4622	61,63	52,50	220	[illegible]
39	0,086	»	620	7,484	4638	61,80	62,50	184	[illegible]
40	0,086	»	620	7,498	4649	61,99	72,50	155	[illegible]
41	0,086	»	620	7,503	4657	62,09	82,50	128	[illegible]
42	0,086	»	620	7,511	4664	62,19	92,50	108	[illegible]
43	0,107	»	729	6,779	4943	65,90	42,50	250	[illegible]
44	0,107	»	730	6,858	5008	66,77	52,50	240	[illegible]
45	0,107	»	732	6,911	5058	67,44	62,50	208	[illegible]
46	0,107	»	736	6,952	5115	64,87	72,50	169	[illegible]
47	0,107	»	736	6,950	5115	64,87	82,50	144	[illegible]
48	0,107	»	738	6,965	5137	68,49	92,50	122	[illegible]

nique de Moussay, près Senones (département des Vosges).

EFFET UTILE par le frein ou quantité travail disponible		RAPPORT de l'effet utile mesuré par le frein au travail absolu du moteur.	HAUTEUR dont la turbine est noyée au-dessus de la couronne inférieure.	OBSERVATIONS.
ammes à 1m n.	en chevaux de 75 k.m.			
72	ch 32,95	0,626	m 0,256	Dans cette série d'expériences et dans les suivantes, on a supprimé le déversoir pour pouvoir disposer de la totalité de la chute ordinaire.
65	36,86	0,696	0,256	
87	34,49	0,651	0,255	
66	32,88	0,623	0,264	
04	29,39	0,561	0,264	
39	25,85	0,486	0,282	
84	37,11	0,609	0,352	Pour calculer le volume d'eau écoulé en 1″ on a pris pour coefficient de la dépense relative aux orifices de la turbine 0,86.
24	40,32	0,655	0,342	
13	40,16	0,650	0,334	
44	39,25	0,634	0,320	
34	36,45	0,586	0,305	
17	34,89	0,562	0,287	
784	37,11	0,562	0,974	Pour calculer le volume d'eau écoulé en 1″ on a pris pour coefficient de la dépense relative aux orifices de la turbine 0,83. On a augmenté la hauteur dont la turbine était noyée, au moyen d'un barrage placé dans le canal de fuite.
302	44,03	0,657	0,930	
406	45,41	0,675	0,887	
212	42,82	0,662	0,856	
110	41,87	0,640	0,848	
957	39,40	0,560	0,836	

11. *Discussion et représentation graphique des résultats contenus dans ce tableau.* Pour examiner et discuter les résultats contenus dans ce tableau, on a construit des courbes (Pl. II) dont les abscisses sont les nombres de tours faits par la roue en 1′ et dont les ordonnées représentent les rapports de l'effet utile mesuré par le frein, ou du travail disponible, au travail absolu du moteur.

En faisant passer parmi tous les points ainsi déterminés, pour chaque série, des courbes, tracées de manière à représenter le mieux possible l'ensemble des résultats, on a obtenu une loi graphique continue de ces résultats dégagée des anomalies accidentelles de l'observation. C'est d'après l'examen de ces courbes que nous allons discuter les conséquences de ces expériences.

La courbe (Fig. 1, Pl. II), relative à la série où la levée de la vanne de la turbine était moyennement de $0^m,050$, montre que le maximum d'effet correspond à une vitesse de 135 tours en 1′, et qu'alors le rapport de l'effet utile au travail absolu du moteur était égal à 0,61 environ, quoique le calcul immédiat de l'expérience correspondante ait donné 0,625. Mais on voit que, depuis la vitesse de 100 tours jusqu'à celle de 170 tours en 1′, ce rapport a toujours été compris entre 0,565 et 0,610, de sorte qu'entre ces limites étendues, il n'a varié que de $\frac{1}{13}$ de sa valeur moyenne 0,587.

La courbe (Fig. 2), relative à la série d'expériences, où la levée de la vanne de la turbine était de $0^m,071$, montre que le maximum d'effet correspond à la vitesse de 190 tours en 1′ et qu'alors le rapport de l'effet utile au travail absolu du moteur était égal à 0,680, quoique le calcul immédiat de l'expérience ait donné 0,696. On voit aussi que, depuis la vitesse de 130 tours jusqu'à celle de 230 tours en 1′, ce rapport a toujours été compris entre 0,625 et 0,680; de sorte qu'entre ces limites étendues il n'a varié que de $\frac{1}{12}$ environ de sa valeur moyenne 0,652.

La courbe (Fig. 3), relative aux séries où la levée de la vanne de la turbine, a été de $0^m,086$ et de $0^m,107$, qu'on a réunies pour obtenir un tracé plus exact, mais dont on a distingué les points par des signes particuliers, montre que le maximum d'effet correspond à la vitesse de 180 à 190 tours en 1′, et qu'alors le rapport de l'effet utile au travail absolu du moteur était égal à 0,690. On voit aussi que, depuis la vitesse de 140 tours en 1′ jusqu'à celle de 230 tours en 1′, ce rapport a toujours été compris entre 0,650 et 0,690; de sorte qu'entre ces limites étendues, il n'a varié que de $\frac{1}{17}$ de sa valeur moyenne 0,675.

Il suit évidemment de cette discussion que cette roue jouit de la propriété fort remarquable et avantageuse de marcher à des vitesses extrêmement différentes, sans que son effet utile varie notablement. Or il est important de faire ressortir tout ce que cette faculté a de précieux, surtout pour ce moteur qui est propre à fonctionner sous l'eau.

12. *Observation sur l'avantage que présente cette roue de pouvoir marcher à des vitesses très-différentes.* Dans beaucoup de fabrications la vitesse de l'outil, et par conséquent celle du récepteur, doit varier avec le degré d'avancement du travail, et comme il importe toujours de réaliser le maximum d'effet relatif à chaque cas, l'avantage signalé est évident pour ces usines. Mais il n'est pas moins grand pour celles où la vitesse doit rester constante, quoique la hauteur de la chute disponible puisse varier notablement, soit par l'abaissement du niveau supérieur, soit par l'exhaussement du niveau inférieur; car la vitesse de la roue correspondante au maximum d'effet dépendant de la hauteur totale de cette chute, il s'ensuivrait que pour obtenir ce maximum, il faudrait à la rigueur, faire varier la vitesse de la roue avec la chute, ce que, par hypothèse, la nature de la fabrication ne permet pas. Tandis que, par la propriété qu'ont les turbines de pouvoir marcher à des vitesses très-différentes de celle qui correspond au maximum d'effet, sans que l'effet utile s'éloigne notablement de cette limite, on voit que l'on pourra toujours conserver aux outils la vitesse convenable au travail, sans perdre une partie considérable du travail moteur. On verra par les expériences que nous rapportons plus loin que cette constance de l'effet utile a lieu pour des chutes très-différentes de celle de Moussay.

13. *Remarque relative aux expériences dans lesquelles la turbine a été noyée.* On observera aussi que dans les expériences consignées au tableau précédent, le niveau des eaux d'aval s'est élevé, pour les premières séries à $0^{m},300$ au-dessus de la couronne inférieure de la turbine, et pour la dernière série, à près d'un mètre, et que cependant l'effet utile observé dans cette dernière série n'en a pas moins été encore plus grand que dans les précédentes. Ce résultat confirme ceux qui ont été observés sur la turbine d'Inval, et montre de nouveau que ces roues peuvent marcher noyées, sans que leur effet utile soit notablement diminué par la résistance du liquide qui les entoure.

14. *Observation sur l'accroissement de l'effet utile à mesure que la levée de vanne augmente.* Nous ferons observer que l'effet utile est notablement plus grand pour les levées de vanne qui se rapprochent de la hauteur de la turbine, que pour les plus petites; mais comme cet effet s'est manifesté d'une manière plus sensible aux expériences faites à Müllbach, nous nous réservons d'en rechercher l'explication à leur sujet. Cependant on remarquera qu'à la levée de vanne de $0^m,050$, moitié à peu près de la hauteur de la turbine, l'effet utile est environ 0,61 du travail absolu du moteur et se rapproche beaucoup de la valeur 0,69 qu'il atteint à la levée de $0^m,107$.

15. *Résumé des conséquences tirées de ces expériences.* En résumé on voit :

1° Que la roue du tissage mécanique de Moussay, qui n'a que $0^m,85$ environ de diamètre extérieur, et $0^m,11$ de hauteur de couronne peut, sous la chute de $7^m,50$, débiter un volume d'eau de $0^{mc},738$ et plus, et qu'elle transmet alors un effet utile net, ou un travail disponible, de plus de 45 chevaux de 75 kilogrammes élevés à 1 mètre en 1″;

2° Qu'à la vitesse 180 à 190 tours en 1′ elle rend en travail disponible 0,69 du travail absolu dépensé par le moteur;

3° Que la vitesse de la roue peut varier dans des limites très-étendues, sans que l'effet utile s'éloigne de plus de $\frac{1}{12}$ à $\frac{1}{15}$ de sa valeur maximum;

4° Que le rapport de l'effet utile au travail dépensé ne diminue pas, quand la roue est noyée par les eaux d'aval.

EXPÉRIENCES SUR LA TURBINE DU TISSAGE MÉCANIQUE DE MULLBACH (BAS-RHIN).

16. *Description sommaire.* Le tissage mécanique que l'on a construit, en 1837, à Müllbach (département du Bas-Rhin), a pour moteur une turbine de deux mètres environ de diamètre, et dont la force moyenne devait être de 45 chevaux de 75 kilogrammes élevés à 1^m en 1″. Sur le désir que j'en ai manifesté à MM. Sellière, Heevoot et compagnie, ces fabricans éclairés ont consenti avec empressement à faire toutes les dispositions nécessaires pour soumettre cette roue à l'expérience. M. Schedecker, leur associé, directeur de la filature de Lutzelhausen et de ce tissage, a bien voulu se charger de faire faire les préparatifs convenables, et les 28, 29 et 30 juillet dernier, les expériences ont été exécutées avec le

concours particulier de M. Schedecker et de M. Fourneyron, en présence de plusieurs fabricans et ingénieurs civils.

La turbine est placée à l'extrémité du canal d'arrivée, dans une chambre de 6^{m},55 sur 5^{m},70, sur le plancher de laquelle est posé le cylindre qui contient le vanage. Un tuyau creux qui s'élève verticalement, soutient par son extrémité inférieure le plateau sur lequel sont fixées les courbes directrices, et se lie par son extrémité supérieure à l'appareil qui sert à lever la vanne et qui reçoit le support de l'extrémité de l'arbre de couche.

L'arbre de la turbine passe dans ce cylindre et en sort par le haut, où il reçoit une roue d'angle, qui transmet le mouvement à l'arbre de couche de l'atelier, dans lequel cet arbre pénètre un peu au-dessous du plafond du rez-de-chaussée.

La turbine est placée sous le plancher de la chambre d'eau, de sorte que, quand cette chambre est pleine, on ne voit ni le vannage ni la roue. Le canal de fuite, dont la direction est perpendiculaire à celle du canal d'arrivée, a 6^{m},40 de largeur et est voûté jusqu'à une vingtaine de mètres au-delà du bâtiment du tissage sous lequel il passe.

L'usine est alimentée par les eaux de la Brusche, et la chute totale doit être habituellement de 4^{m},50 ; mais à l'époque où les expériences ont été faites, le barrage qui doit détourner les eaux de la rivière dans le canal d'arrivée, n'était pas encore exécuté, et la plus grande chute dont nous ayons pu disposer, n'a été que de 3^{m},70. Lors des grandes crues, la roue est exposée à être noyée en aval, et elle l'a été pendant toutes les expériences à des hauteurs qui ont varié de 0^{m},520 à 0^{m},900 environ.

17. *Jaugeage de la dépense d'eau.* Pour opérer facilement et exactement le jaugeage de la dépense d'eau, on a établi à l'extrémité de la voûte du canal de fuite, un barrage en déversoir de 5^{m},014 de largeur, dont le seuil formé par une planche mince de 0^{m},027 d'épaisseur, était à 0^{m},50 ou 0^{m},60 du fond, et dont les côtés verticaux étaient à 0^{m},70 de chacun des bords de ce canal. Des lignes horizontales de repère, établies avec soin, permettaient de mesurer facilement à chaque expérience, la hauteur du niveau du réservoir à 0^{m},60 en amont et dans les angles du canal au-dessus du seuil. D'après les circonstances de l'établissement de ce déversoir et les résultats des expériences récentes faites à Toulouse et

dont une partie a été publiée par M. d'Aubuisson, on a pris pour calculer la dépense d'eau en 1'' la formule

$$Q = 0{,}41\,LH\sqrt{2gH}\ *,$$

dont la notation a été indiquée au n° 7.

Mais la chambre d'eau ayant son fond et l'une de ses parois en charpente, les bois desséchés par la chaleur de la saison n'avaient pas eu le temps de se gonfler suffisamment depuis qu'elle était pleine, et il se faisait par les joints des pertes notables, dont il était nécessaire de tenir compte. C'est ce que l'on a fait au commencement de chaque série d'expériences, en observant la charge d'eau qui existait sur le déversoir de jauge, quand la vanne de la turbine était fermée. Les résultats de ces observations sur les fuites sont indiqués au tableau des expériences et le volume d'eau ainsi écoulé en pure perte a été retranché de celui qui correspond à la charge observée sur le déversoir pendant les expériences.

18. *Dispositions prises pour la mesure des données principales.* Pour obtenir la chute totale, on a disposé une ligne horizontale de repère à une hauteur connue au-dessus du plateau du vannage et en contre-bas de de laquelle on mesurait simultanément la hauteur d'eau en amont, dans la chambre de la turbine, et la hauteur en aval, dans le canal de fuite. La différence donnait pour chaque expérience la chute disponible et l'excès de la hauteur de la ligne de repère au-dessus du plateau de vannage sur l'élévation de la même ligne au-dessus du niveau d'aval, donnait la hauteur dont la couronne inférieure de la turbine était noyée.

19. *Du frein employé.* Le frein formé par une poulie de $1^m,25$ de diamètre et de $0^m,25$ environ de largeur à la gorge, avait été tourné avec soin, ainsi que ses rebords, calé et bien centré sur l'extrémité supérieure de l'arbre de la turbine, qui n'avait pas encore reçu l'engrenage que l'on devait y placer. Les deux mâchoires de ce frein étaient en bois, la longueur du levier mesurée perpendiculairement à la direction de la corde à laquelle la charge était suspendue, a été trouvée de $2^m,99$.

* Je crois devoir faire remarquer que dans les expériences que j'ai publiées précédemment sur la roue de côté de la taillerie de Baccarat, j'avais adopté la formule $Q = 0{,}395\,LH\sqrt{2gH}$, ne connaissant pas alors les expériences de Toulouse, ce qui m'a conduit à estimer la dépense à $\frac{1}{26}$ environ au-dessous de sa valeur.

Une corde fixée au faîte de la charpente à 6 ou 7^m de hauteur, soutenait le bout du levier et un fil à plomb indiquait la position qu'il devait conserver, pour que sa longueur fût perpendiculaire à la direction de la corde qui, passant sur une poulie de renvoi, soutenait la charge.

20. *Précautions prises pour assurer la régularité du mouvement.* Pour maintenir les surfaces dans un même état d'humidité, on amena près de la roue la pompe à incendie de l'établissement, et un arrosoir fut suspendu au-dessus du coussinet du frein, dans lequel était pratiquée une entaille où l'on versait l'eau. Des hommes en manœuvrant la pompe, dirigèrent un courant continu et régulier sur les surfaces frottantes, qui se trouvèrent ainsi constamment rafraîchies et lubrifiées au même degré. On obtint de la sorte une telle régularité dans l'action du frein, que sous la même charge, il a quelquefois marché plus d'une demi-heure sans éprouver la moindre oscillation, et sans que l'ouvrier chargé de le manœuvrer eût pour ainsi dire besoin d'agir sur les écrous. Dans aucune des expériences que l'on rapporte, les oscillations du levier au-dessous de la verticale du fil à plomb, n'ont dépassé $0^m,02$ à $0^m,03$, de part et d'autre, et les pièces d'arrêt disposées par précaution n'ont servi que pour les momens d'interruption.

On n'a pas usé *un kilogramme* de graisse pour l'exécution de toutes ces expériences, et quoique j'aie déjà bien souvent employé cet appareil dynamométrique avec succès, je ne l'avais jamais vu marcher avec une aussi parfaite régularité. Aussi à l'aide de ces moyens, faciles et peu dispendieux, je regarde comme désormais tout à fait superflues toutes les modifications proposées ou adoptées par divers ingénieurs au dispositif simple, primitivement employé par M. de Prony.

21. *Observation de la vitesse de la roue.* L'observation de la vitesse de la roue a été faite presque toujours par deux personnes et à plusieurs reprises en comptant avec des montres à secondes le nombre de tours faits en 1' par l'arbre de la roue.

Les résultats des expériences et ceux que l'on en déduit par le calcul sont consignés dans le tableau suivant.

Expériences faites en juillet 1837 sur la turbine du tissage mécanique de Müllbach (département du Bas-Rhin).

N°s des expériences.	LEVÉE de la vanne de la turbine.	CHARGE d'eau sur le seuil du déversoir de 5m,014 de largeur.	POIDS de l'eau dépensée en 1".	CHUTE totale.	TRAVAIL ABSOLU du moteur en kilogrammes élevés à 1m en 1".	TRAVAIL ABSOLU du moteur en chevaux de 75 k.m.	CHARGE du frein.	NOMBRE de tours de la roue en 1'.	VITESSE que le point de suspension de la charge tendait à prendre en 1".	EFFET UTILE mesuré par le frein ou quantité de travail disponible en kilogrammes élevés à 1m en 1".	EFFET UTILE en chevaux de 75 k.m.	RAPPORT de l'effet utile mesuré par le frein au travail absolu du moteur.	HAUTEUR dont la turbine est noyée au-dessus de la couronne inférieure.	OBSERVATIONS.
	m	m	kil	m	k.m	ch	kil		m	k.m	ch		m	
1	0,050	0,174	622,5	3,552	2208	29,44	8,13	72,0	22,54	183	2,44	0,083	0,520	Dans cette série la charge d'eau sur le seuil du déversoir et provenant des fuites était de 0m,0265, ce qui correspond à une perte d'eau de 0mc,039 en 1", que l'on a retranchée du volume qui passait sur le déversoir, pendant les expériences. C'est le poids du volume restant qui est indiqué dans la quatrième colonne.
2	0,050	0,174	622,5	3,547	2209	29,44	13,13	67,9	21,26	278	3,70	0,126	0,520	
3	0,050	0,174	622,5	3,560	2213	29,51	18,13	64,8	20,48	371	4,93	0,167	0,520	
4	0,050	0,174	622,5	3,580	2226	29,68	23,13	63,1	19,75	457	6,09	0,225	0,520	
5	0,050	0,174	622,5	3,580	2226	29,68	28,13	60,0	18,80	529	7,00	0,238	0,520	
6	0,050	0,174	622,5	3,565	2214	29,52	33,13	57,6	18,05	598	7,63	0,252	0,520	
7	0,050	0,172	611,0	3,555	2170	28,93	38,13	55,3	17,35	662	8,82	0,306	0,520	
8	0,050	0,172	611,0	3,565	2184	29,12	43,13	53,3	16,75	722	9,62	0,331	0,520	
9	0,050	0,172	611,0	3,580	2187	29,16	48,13	50,7	15,90	765	10,20	0,350	0,520	
10	0,050	0,173	610,0	3,585	2193	29,24	53,13	47,6	14,90	792	10,88	0,357	0,520	
11	0,050	0,173	610,0	3,621	2208	29,44	58,13	43,9	13,76	800	10,99	0,373	0,520	
12	0,050	0,173	610,0	3,621	2208	29,44	63,13	40,9	12,80	808	10,77	0,367	0,520	
13	0,050	0,173	610,0	3,650	2223	29,64	68,13	37,5	11,72	798	10,64	0,360	0,520	
14	0,050	0,173	610,0	3,680	2247	29,96	73,13	34,25	10,73	785	10,46	0,350	0,520	
15	0,050	0,174	622,5	3,703	2301	30,34	78,13	31,0	9,70	758	10,10	0,332	0,520	
16	0,050	0,174	622,5	3,725	2315	30,87	83,13	28,1	8,80	732	9,75	0,315	0,520	
17	0,050	0,174	622,5	3,730	2322	30,96	88,13	26,85	8,32	733	9,77	0,316	0,520	
18	0,050	0,174	622,5	3,750	2219	28,92	98,13	21,7	6,80	667	8,89	0,296	0,520	
19	0,090	0,262	1156	3,224	3727	49,69	35	75,0	23,26	814	10,85	0,218	0,926	Dans cette série la charge d'eau sur le seuil du déversoir et provenant des fuites était de 0m,037, ce qui correspond à une perte d'eau de 0mc,064 en 1", que l'on a retranchée du volume qui passait sur le déversoir pendant les expériences.
20	0,090	0,253	1087	3,199	3479	46,38	50	69,0	21,60	1080	14,40	0,311	0,926	
21	0,090	0,254	1101	3,208	3532	47,09	60	65,0	20,36	1221	16,28	0,346	0,877	
22	0,090	0,250	1071	3,210	3438	45,84	70	61,6	19,30	1351	18,01	0,392	0,875	
23	0,090	0,250	1071	3,196	3420	45,60	80	59,2	18,55	1484	19,78	0,432	0,874	
24	0,090	0,250	1071	3,177	3417	45,53	90	56,0	17,52	1577	21,02	0,462	0,875	
25	0,090	0,245	1036	3,190	3305	44,06	100	52,0	16,29	1629	21,72	0,492	0,875	
26	0,090	0,241	1016	3,190	3241	43,21	110	49,2	15,42	1696	22,61	0,523	0,865	
27	0,090	0,241	1016	3,207	3250	43,44	120	45,25	14,19	1703	22,70	0,524	0,870	
28	0,090	0,241	1016	3,207	3258	43,44	130	41,0	12,82	1667	22,22	0,512	0,870	
29	0,090	0,240	1008	3,215	3236	43,15	140	37,2	11,64	1630	21,72	0,504	0,875	
30	0,090	0,240	1008	3,225	3244	43,25	150	35,0	10,95	1643	21,90	0,506	0,875	
31	0,090	0,236	971	3,265	3162	42,16	160	32,5	10,26	1642	21,88	0,520	0,865	
32	0,090	0,236	971	3,305	3209	42,78	170	29,5	9,25	1573	20,96	0,490	0,865	
33	0,090	0,237	976	3,295	3190	42,53	180	27,5	8,61	1550	20,66	0,485	,865	

Suite des *Expériences faites en juillet 1837 sur la turbine du tissage mécanique de Müllbach* (département du Bas-Rhin).

Nos des expériences.	LEVÉE de la vanne de la turbine.	CHARGE d'eau sur le seuil du déversoir de 5m,014 de largeur.	POIDS de l'eau dépensée en 1''.	CHUTE totale.	TRAVAIL ABSOLU du moteur en kilogrammes élevés à 1m en 1''.	TRAVAIL ABSOLU du moteur en chevaux de 75 k.m.	CHARGE du frein.	NOMBRE de tours de la roue en 1'.	VITESSE que le point de suspension de la charge tendait à prendre en 1''.	EFFET UTILE mesuré par le frein ou quantité de travail disponible en kilogrammes élevés à 1m en 1''.	EFFET UTILE en chevaux de 75 k.m.	RAPPORT de l'effet utile mesuré par le frein au travail absolu du moteur.	HAUTEUR dont la turbine est noyée au-dessus de la couronne inférieure.	OBSERVATIONS.
	m	m	kil	m	k.m	ch	kil		m	k.m	ch		m	
34	0,150	0,354	1881	3,164	5952	79,36	20	99,5	31,10	622	8,29	0,105	0,960	
35	0,150	0,349	1786	3,164	5648	75,30	40	92,0	29,10	1164	15,52	0,205	0,960	
36	0,150	0,345	1781	3,150	5543	73,90	60	90,0	28,15	1689	22,52	0,305	0,960	
37	0,150	0,343	1751	3,153	5513	73,50	80	83,5	26,10	2088	27,84	0,378	0,940	Dans cette série la charge d'eau sur le seuil du déversoir et provenant des fuites était de 0m,037, ce qui correspond à une perte d'eau de 0mc,064 en 1'', que l'on a retranchée du volume qui passait sur le déversoir pendant les expériences.
38	0,150	0,342	1747	3,110	5433	72,44	100	78,5	24,55	2455	32,73	0,453	0,953	
39	0,150	0,337	1766	3,070	5424	72,32	120	73,0	28,05	3366	44,88	0,621	0,965	
40	0,150	0,331	1666	3,070	5124	68,32	140	69,0	21,60	3024	40,32	0,591	0,965	
41	0,150	0,326	1641	3,075	5046	67,28	160	63,0	19,70	3152	42,03	0,624	0,965	Dans les quatre dernières expériences de cette série la charge d'eau sur le seuil du déversoir et provenant des fuites était de 0m,038, ce qui correspond à une perte de 0mc,067 en 1'', et dans la quarante-sixième expérience, il passait en outre sur le déchargeoir 0mc,011 en 1''. Ces volumes dépensés en pure perte ont été retranchés de celui qui passait sur le déversoir pendant les expériences.
42	0,150	0,322	1586	3,035	4731	63,08	180	58,25	18,25	3285	43,80	0,696	0,965	
43	0,150	0,320	1576	3,085	4863	64,84	200	52,0	16,29	3258	43,44	0,671	0,955	
44	0,150	0,318	1561	3,085	4816	64,21	220	48,0	15,01	3302	44,03	0,685	0,955	
45	0,150	0,312	1526	3,085	4703	62,70	240	44,0	13,79	3172	42,28	0,675	0,855	
46	0,150	0,331	1652	3,380	5583	74,44	260	45,3	14,20	3692	49,22	0,662	0,865	
47	0,150	0,313	1528	3,272	5000	66,66	280	38,0	11,89	3329	44,38	0,666	0,850	
48	0,150	0,313	1528	3,400	5187	69,16	280	38,5	12,05	3374	44,98	0,651	0,950	
49	0,150	0,313	1528	3,405	5192	69,22	300	34,4	10,79	3237	43,16	0,626	0,820	
50	0,200	0,380	2053	3,020	5857	78,09	10	104,0	32,55	326	4,34	0,055	0,890	
51	0,200	0,377	2033	3,045	6186	82,48	20	103,0	32,25	645	8,60	0,104	0,890	
52	0,200	0,375	2025	3,080	6237	83,16	40	101,5	31,75	1270	16,93	0,203	0,890	
53	0,200	0,373	2003	3,120	6256	83,41	60	95,0	29,70	1782	23,76	0,280	0,890	
54	0,200	0,371	1993	3,170	6332	84,42	80	90,4	28,25	2260	30,13	0,357	0,890	
55	0,200	0,371	1993	3,190	6357	84,76	100	87,1	27,15	2715	36,20	0,426	0,885	Dans cette série la charge d'eau sur le seuil du déversoir et provenant des fuites était de 0m,038, ce qui correspond à une perte d'eau de 0mc,067 en 1'', que l'on a retranchée du volume d'eau qui passait sur le déversoir pendant les expériences.
56	0,200	0,365	1951	3,203	6249	83,32	120	82,8	25,90	3108	41,44	0,496	0,885	
57	0,200	0,361	1913	3,240	6198	82,64	140	80,0	25,00	3500	46,66	0,565	0,885	
58	0,200	0,361	1913	3,255	6227	83,02	160	75,0	23,48	3757	50,09	0,604	0,885	
59	0,200	0,361	1913	3,270	6255	83,40	180	70,0	21,96	3942	52,56	0,632	0,880	
60	0,200	0,361	1913	3,305	6313	84,17	200	67,6	21,16	4232	56,42	0,671	0,880	
61	0,200	0,361	1913	3,310	6331	84,41	200	67,1	21,90	4200	56,00	0,664	0,870	
62	0,200	0,353	1872	3,310	6182	82,42	220	63,0	19,70	4334	57,78	0,702	0,870	
63	0,200	0,353	1872	3,335	6228	83,04	240	58,0	18,15	4356	58,08	0,700	0,870	
64	0,200	0,349	1812	3,306	5991	79,88	260	50,6	15,84	4118	54,91	0,686	0,884	
65	0,200	0,349	1812	3,286	5960	79,46	280	48,5	15,16	4245	56,59	0,712	0,884	
66	0,200	0,349	1812	3,321	6017	80,23	300	44,0	13,79	4137	55,16	0,690	0,884	

Suite des *Expériences faites en juillet* 1837 *sur la turbine du tissage mécanique de Müllbach* (département du Bas-Rhin).

N°s des expériences.	LEVÉE de la vanne de la turbine.	CHARGE d'eau sur le seuil du déversoir de 5m,014 de largeur.	POIDS de l'eau dépensée en 1''.	CHUTE totale.	TRAVAIL ABSOLU du moteur en kilogrammes élevés à 1m en 1''.	TRAVAIL ABSOLU du moteur en chevaux de 75 k.m.	CHARGE du frein.	NOMBRE de tours de la roue en 1'.	VITESSE que le point de suspension de la charge tendait à prendre en 1''.	EFFET UTILE mesuré par le frein ou quantité de travail disponible en kilogrammes élevés à 1m en 1''.	EFFET UTILE en chevaux de 75 k.m.	RAPPORT de l'effet utile mesuré par le frein au travail absolu du moteur.	HAUTEUR dont la turbine est noyée au-dessus de la couronne inférieure.	OBSERVATIONS.
	m	m	kil	m	k.m	ch	kil		m	k.m	ch		m	
67	0,200	0,392	2173	3,610	7860	104,80	90	100,0	31,25	2813	37,50	0,357	0,640	Dans cette série la charge d'eau sur le seuil du déversoir et provenant des fuites était de 0m,038, ce qui correspond à une perte d'eau de 0mc,067 en 1'', que l'on a retranchée du volume d'eau qui passait sur le déversoir pendant les expériences.
68	0,200	0,383	2082	3,650	7615	101,53	110	97,0	30,35	3339	44,51	0,440	0,640	
69	0,200	0,388	2143	3,560	7643	101,90	130	91,0	28,50	3705	49,40	0,485	0,640	
70	0,200	0,384	2083	3,475	7253	96,70	150	87,0	27,20	4080	54,40	0,562	0,680	
71	0,200	0,378	2061	3,300	6815	90,87	170	80,0	25,03	4255	56,70	0,626	0,680	
72	0,200	0,371	1983	3,250	6458	86,11	190	72,0	22,60	4312	57,79	0,670	0,680	
73	0,200	0,367	1943	3,230	6289	83,85	210	67,0	20,90	4389	58,52	0,700	0,680	
74	0,200	0,364	1933	3,358	6505	86,73	230	62,1	19,43	4379	58,38	0,676	0,557	
75	0,200	0,360	1908	3,343	6392	85,23	240	57,5	18,00	4500	60,00	0,703	0,557	
76	0,200	0,356	1863	3,393	6317	84,23	270	54,0	16,90	4563	60,84	0,721	0,557	
77	0,200	0,356	1863	3,398	6337	84,49	290	49,4	15,46	4483	59,77	0,785	0,557	
78	0,270	0,432	2523	2,290	7562	100,82	170	90,6	28,19	4592	61,22	0,609	0,750	Même observation.
79	0,270	0,432	2523	3,070	7758	103,44	190	87,0	27,20	5168	68,90	0,670	0,750	
80	0,270	0,402	2442	3,170	7760	103,47	210	84,6	27,50	5565	74,20	0,721	0,750	
81	0,270	0,422	2442	3,180	7750	103,33	250	77,25	24,20	6050	80,66	0,785	0,750	
82	0,270	0,422	2442	3,310	8097	107,96	290	69,0	26,50	6264	83,52	0,760	0,720	
83	0,270	0,432	2523	3,475	8776	117,01	330	66,1	27,20	6831	91,08	0,707	0,720	
84	0,270	0,423	2445	3,390	8302	110,69	340	61,5	28,19	6545	87,26	0,793	0,720	

22. *Représentation graphique et examen des résultats contenus dans le tableau précédent.* Pour examiner et lier les résultats contenus dans ce tableau, on a, de même que pour les expériences sur la turbine du Moussay, construit des courbes ayant pour abscisses les nombres de tours de la roue en 1', et pour ordonnées les rapports de l'effet utile au travail absolu du moteur.

La courbe (Fig. 4, Pl. II), relative à la série où la levée de la vanne était de $0^m,050$, montre que, pour cette faible levée, l'effet utile ne s'élève qu'à 0,37 du travail absolu dépensé par le moteur, et que depuis la vitesse de 33 tours en une minute jusqu'à celle de 51 tours, il est toujours compris entre 0,35 et 0,37, de sorte qu'entre ces limites étendues il n'a varié que de $\frac{1}{36}$ de sa valeur moyenne.

La courbe (Fig. 5, Pl. II), relative à la série où la levée de vanne était de $0^m,090$, montre que l'effet utile s'est élevé dans cette série à 0,725 du travail dépensé par le moteur, et que, depuis la vitesse de 26 tours en 1' jusqu'à celle de 55 tours, il a toujours été compris entre 0,680 et 0,725, de sorte qu'entre ces limites étendues il ne s'est pas écarté de plus de $\frac{1}{32}$ de sa valeur moyenne 0,702.

La courbe (Fig. 6, Pl. II) relative à la série où la levée de vanne était de $0^m,150$, montre que l'effet utile s'est élevé dans cette série à 0,690 du travail absolu du moteur, et que, depuis la vitesse de 35 tours en 1' jusqu'à celle de 65 tours, l'effet utile a toujours été compris entre 0,630 et 0,690; de sorte qu'entre ces limites étendues il ne s'est pas écarté de plus de $\frac{1}{22}$ de sa valeur moyenne 0,660.

Les deux courbes de la figure 7, relatives aux séries où la levée de la vanne a été de $0^m,200$, se rapportent, l'inférieure à la série où la turbine a été noyée de $0^m,88$, et la supérieure à la série où elle ne l'a été que de $0^m,64$. Leur examen montre que, jusqu'à la vitesse de 60 tours en 1', le rapport de l'effet utile au travail absolu du moteur, est le même pour les deux séries, et s'élève, pour le cas du maximum, à 0,710. On voit de plus, que pour la première série, depuis la vitesse de 40 tours en 1' jusqu'à celle de 66 tours, ce rapport a été compris constamment entre 0,675 et 0,710; de sorte qu'entre ces limites étendues il n'a pas varié de plus de $\frac{1}{39}$ de sa valeur moyenne 0,692.

Pour le deuxième cas où la roue n'était noyée que de $0^m,64$, le rapport de l'effet utile au travail absolu du moteur diminue moins rapidement à mesure que la vitesse augmente, et il reste compris entre les mêmes limites de 0,675 à 0,710, depuis la vitesse de 40 tours en 1' jusqu'à celle de 72,5 en 1'.

La courbe (Fig. 8, Pl. II) relative à la série où la levée de vanne a été de $0^m,270$, montre que le rapport de l'effet utile au travail absolu du moteur a été au maximum de 0,79, et que depuis la vitesse de 55 tours en 1' jusqu'à celle de 79 tours, il a été toujours compris entre 0,775 et 0,790; de sorte qu'entre ces limites étendues il n'a varié que de $\frac{1}{97}$ de sa valeur moyenne 0,780.

Après avoir examiné en particulier les résultats relatifs à chacune des séries d'expériences, si nous jetons un coup d'œil sur leur ensemble nous voyons d'abord que le rapport de l'effet utile mesuré par le frein au travail absolu du moteur n'est que 0,37 au maximum pour la première série, résultat bien inférieur à ceux que l'on a obtenus dans les autres séries. Pour expliquer cette différence, il me semble convenable de rapporter une observation que j'ai eu l'occasion de faire sur l'introduction de l'eau le long d'une aube courbe d'une forme analogue à celle des turbines.

Lorsque l'on introduit par le bord extérieur d'une aube courbe emportée dans un mouvement de rotation autour d'un axe vertical un filet d'eau animé d'une certaine vitesse, dès que le liquide atteint la surface de l'aube, sa vitesse est altérée, non-seulement par l'action de la force centrifuge, qui tend à l'éloigner de l'axe, mais encore par l'adhérence qu'il contracte avec la surface. La veine fluide s'amincit, s'élève le long de l'aube à une hauteur d'autant plus grande que la vitesse primitive l'était elle-même; il suit de là que la vitesse relative du liquide est altérée par deux causes, et qu'une portion notable de la force vive du liquide est consommée par son adhérence aux parois. De plus, si, comme dans les turbines, les aubes sont courtes et peu élevées, une partie du liquide peut venir perdre une autre portion notable de sa vitesse contre la couronne supérieure, tandis que l'autre animée d'une vitesse ascendante s'échappe au dehors en conservant une vitesse verticale qu'elle n'aurait pas acquise si l'aube n'avait eu qu'une hauteur égale à celle du filet.

Ce qui montre bien au reste que la diminution de l'effet utile, dans le cas des petites levées de vanne, tient à des circonstances de ce genre, c'est qu'on voit cet effet utile s'accroître à mesure que la différence entre la levée de la vanne et la hauteur de la turbine diminue. En effet, dès que la levée de la vanne atteint $0^m,09$, l'effet utile devient égal à 0,71 environ du travail absolu du moteur, et ensuite, pour les fortes levées, qui se rapprochent beaucoup de la hauteur de la roue, il atteint la valeur 0,79 de ce travail absolu. Au surplus, les expériences montrent que, pour des dépenses qui ont varié de 1500 à 2500 litres en 1'', le rapport de l'effet utile au travail absolu du moteur, est sensiblement le même dans ces limites étendues.

23. *Observation relative aux expériences où la roue était noyée.* Nous ferons observer que la série d'expériences relative à la levée de vanne de $0^m,200$, où la roue n'était noyée que de $0^m,64$ à $0^m,56$ a donné des résultats plus avantageux que celle où la roue était plongée dans l'eau sur une hauteur de $0^m,88$, dès que la vitesse a dépassé 60 à 65 tours en 1'. Cet effet doit sans doute être attribué à ce que, dans le second cas, la masse d'eau à laquelle la roue communiquait un mouvement gyratoire était plus considérable que dans le premier, et que la surface frottante des aubes était soumise à une pression plus considérable. Mais la vitesse de la roue convenable au maximum d'effet étant comprise entre 45 et 65 tours en 1', il s'ensuit que, dans les limites ordinaires de cette vitesse, cette différence dans la profondeur d'immersion n'a pas d'influence notable sur l'effet utile.

La dernière série d'expériences, relative à la levée de vanne de $0^m,270$, nous a donné un effet utile égal au maximum, à 91 chevaux, quoique la roue n'ait été construite que pour 45 à 50 chevaux, et nous avons regretté de ne pouvoir pousser l'expérience plus loin en augmentant les charges du frein. Mais l'arbre en fonte de la turbine n'ayant été proportionné que pour une force de 45 à 50 chevaux, à la vitesse de 50 à 60 tours en 1', après avoir à peu près doublé la charge qu'il était destiné à supporter, nous n'avons pas osé aller plus loin, dans la crainte d'occasionner quelque torsion permanente.

24. *Conclusion de ces expériences.* En résumé on voit :

1° Que la turbine du tissage mécanique de Müllbach, qui n'a que deux mètres environ de diamètre et $0^m,333$ de hauteur, peut, sous la chute de $3^m,50$ à $3^m,75$, débiter un volume d'eau de $2^{mc},500$, qu'elle transmet alors un effet utile ou une force disponible de 91 chevaux, de 75 kilogrammes élevés à 1^m en 1'';

2° Qu'à la vitesse de 50 à 60 tours en 1' et avec une une forte levée de vanne, elle rend en effet utile ou en travail disponible 0,78 du travail absolu dépensé par le moteur;

3° Que la vitesse de la roue peut varier dans des limites très-étendues, sans que l'effet utile s'éloigne de plus de $\frac{1}{25}$ à $\frac{1}{30}$ de sa valeur maximum;

4° Que le rapport de l'effet utile au travail dépensé par le moteur ne diminue pas quand la roue est noyée d'un mètre environ, et marche à une vitesse qui n'excède pas de beaucoup celle qui convient au maximum d'effet lorsqu'elle n'est pas noyée;

5° Que la dépense d'eau ayant varié de 1500 à 2500 litres en 1″, c'est-à-dire dans le rapport de 3 à 5, le rapport de l'effet utile au travail dépensé est resté sensiblement le même.

25. *Observations sur l'écoulement de l'eau par les orifices de la turbine.* Il nous reste à faire connaître quelques résultats d'observations spéciales que le mode de jaugeage adopté à Müllbach, pour estimer la dépense d'eau faite pendant les expériences, nous a permis de recueillir sur l'écoulement de l'eau par les orifices de la turbine.

Notre but, en réunissant ces résultats, était de reconnaître s'il était possible de déterminer, pour chaque levée de vanne, la valeur du coefficient de la dépense faite par les orifices de la turbine, afin de pouvoir calculer directement le volume d'eau débité par ces orifices dans des cas où il ne serait pas possible d'établir des modes de jaugeage direct. Mais nous devons cependant prévenir que n'ayant pas pu donner aux moyens d'observation une précision suffisante, nous n'avons pas eu la prétention de parvenir à des résultats comparables pour l'exactitude à ceux qui ont été obtenus soit à Metz soit à Toulouse, et que nous nous sommes seulement proposé d'établir des valeurs approximatives et d'examiner l'influence de la vitesse de la roue et de la grandeur des orifices.

Connaissant pour chaque expérience le volume d'eau dépensé, la levée de la vanne, la somme des largeurs horizontales des orifices ou des plus courtes distances des courbes directrices du vannage, égale à $1^m,56$, nous avons comparé la dépense théorique faite sous la différence connue des niveaux d'amont et d'aval à la dépense effective, et nous en avons déduit la valeur correspondante du coefficient de la dépense.

Les résultats de cette comparaison sont consignés dans le tableau suivant, qui montre d'abord que ce coefficient augmente avec la vitesse de la roue, ce qui tient à ce que l'action de la force centrifuge diminue la pression exercée en aval aux orifices, et tend par conséquent à augmenter la dépense. Mais comme les résultats immédiats des expériences ne pouvaient offrir toute la régularité désirable pour des observations sur l'écoulement de l'eau, on a cherché en outre à les lier et à en déduire une sorte de loi continue, en les représentant par des courbes (Pl. II, Fig. 9, 10, 11, 12 et 13), dont les abscisses sont les nombres de tours de la roue en 1', et les ordonnées les coefficiens de la dépense déduits du calcul.

Observations *sur l'écoulement de l'eau par le vannage de la turbine.*

NUMÉROS des expériences.	SOMME des aires des orifices.	LEVÉE de la vanne de la turbine.	CHARGE d'eau ou différence des niveaux d'amont et d'aval.	NOMBRE de tours de la roue en 1'.	DÉPENSE D'EAU en une seconde, Théorique.	Effective.	COEFFICIENS de la dépense.	OBSERVATIONS
	mq	m	m		mc	mc		
1	0,078	0,050	3,552	72,0	0,650	0,623	0,957	
2	0,078	0,050	3,547	67,9	0,650	0,623	0,957	
3	0,078	0,050	3,560	64,8	0,651	0,623	0,956	
4	0,078	0,050	3,580	63,1	0,654	0,623	0,953	
5	0,078	0,050	3,580	60,0	0,654	0,623	0,953	
6	0,078	0,050	3,565	57,6	0,651	0,623	0,956	
7	0,078	0,050	3,555	55,3	0,650	0,611	0,940	
8	0,078	0,050	3,565	53,3	0,651	0,611	0,938	
9	0,078	0,050	3,580	50,7	0,654	0,611	0,935	
10	0,078	0,050	3,585	47,6	0,654	0,610	0,933	
11	0,078	0,050	3,621	43,9	0,657	0,610	0,930	
12	0,078	0,050	3,621	40,9	0,657	0,610	0,930	
13	0,078	0,050	3,650	37,5	0,660	0,610	0,925	
14	0,078	0,050	3,680	34,25	0,661	0,610	0,923	
15	0,078	0,050	3,703	31,0	0,665	0,623	0,935	
16	0,078	0,050	3,725	28,1	0,666	0,623	0,933	
17	0,078	0,050	3,730	26,85	0,667	0,623	0,931	
18	0,078	0,050	3,750	21,7	0,668	0,623	0,935	
19	0,1404	0,090	3,224	75,0	1,112	1,156	1,039	
20	0,1404	0,090	3,199	69,0	1,109	1,087	0,990	
21	0,1404	0,090	3,208	65,0	1,110	1,101	0,993	
22	0,1404	0,090	3,210	61,6	1,110	1,071	0,996	
23	0,1404	0,090	3,196	59,2	1,109	1,071	0,965	
24	0,1404	0,090	3,177	56,0	1,105	1,071	0,972	
25	0,1404	0,090	3,190	52,0	1,109	1,036	0,936	
26	0,1404	0,090	3,190	49,2	1,109	1,016	0,917	
27	0,1404	0,090	3,207	45,25	1,119	1,016	0,916	
28	0,1404	0,090	3,207	41,0	1,110	1,016	0,916	
29	0,1404	0,090	3,215	37,2	1,110	1,008	0,908	
30	0,1404	0,090	3,225	35,0	1,112	1,008	0,906	
31	0,1404	0,090	3,265	32,5	1,120	0,971	0,869	
32	0,1404	0,090	3,305	29,5	1,177	0,971	0,827	
33	0,1404	0,090	3,295	27,5	1,175	0,976	0,831	

Suite des OBSERVATIONS *sur l'écoulement de l'eau par le vannage de la turbine.*

NUMÉROS des expériences.	SOMMES des aires des orifices.	LEVÉE de la vanne de la turbine.	CHARGE d'eau ou différence des niveaux d'amont et d'aval.	NOMBRE de tours de la roue en 1'.	DÉPENSE D'EAU en une seconde, Théorique.	Effective.	COEFFICIENS de la dépense.	OBSERVATIONS
	mq	m	m		mc	mc		
34	0,2340	0,150	3,164	99,5	1,840	1,881	1,022	
35	0,2340	0,150	3,164	92,0	1,840	1,786	0,972	
36	0,2340	0,150	3,150	90,0	1,839	1,781	0,960	
37	0,2340	0,150	3,153	83,5	1,839	1,751	0,954	
38	0,2340	0,150	3,110	78,5	1,825	1,747	0,957	
39	0,2340	0,150	3,070	73,0	1,815	1,766	0,974	
40	0,2340	0,150	3,070	69,0	1,815	1,666	0,917	
41	0,2340	0,150	3,075	63,0	1,815	1,641	0,905	
42	0,2340	0,150	3,035	58,25	1,800	1,586	0,883	
43	0,2340	0,150	3,085	52,0	1,820	1,576	0,867	
44	0,2340	0,150	3,085	48,0	1,820	1,561	0,859	
45	0,2340	0,150	3,085	44,0	1,820	1,526	0,840	
46	0,2340	0,150	3,380	45,3	1,900	1,652	0,872	
47	0,2340	0,150	3,272	38,0	1,873	1,528	0,817	
48	0,2340	0,150	3,400	38,5	1,909	1,528	0,801	
49	0,2340	0,150	3,405	34,4	1,909	1,528	0,798	
50	0,3120	0,200	3,020	104,0	2,402	2,053	0,854	
51	0,3120	0,200	3,045	103,0	2,404	2,033	0,860	
52	0,3120	0,200	3,080	101,5	2,422	2,025	0,847	
53	0,3120	0,200	3,120	95,0	2,443	2,003	0,822	
54	0,3120	0,200	3,170	90,4	2,464	1,993	0,809	
55	0,3120	0,200	3,190	87,1	2,470	1,993	0,807	
56	0,3120	0,200	3,203	82,8	2,472	1,951	0,766	
57	0,3120	0,200	3,240	80,0	2,490	1,913	0,768	
58	0,3120	0,200	3,255	75,0	2,491	1,913	0,768	
59	0,3120	0,200	3,270	70,0	2,500	1,913	0,767	
60	0,3120	0,200	3,305	67,6	2,509	1,913	0,765	
61	0,3120	0,200	3,310	67,1	2,512	1,913	0,759	
62	0,3120	0,200	3,310	63,0	2,512	1,872	0,747	
63	0,3120	0,200	3,335	58,0	2,522	1,872	0,742	
64	0,3120	0,200	3,306	50,6	2,509	1,812	0,722	
65	0,3120	0,200	3,286	48,5	2,502	1,812	0,724	
66	0,3120	0,200	3,321	44,0	2,520	1,812	0,720	

Suite des OBSERVATIONS *sur l'écoulement de l'eau par le vannage de la turbine.*

NUMÉROS des expériences.	SOMMES des aires des orifices.	LEVÉE de la vanne de la turbine.	CHARGE d'eau ou différence des niveaux d'amont et d'aval.	NOMBRE de tours de la roue en 1'.	DÉPENSE D'EAU en une seconde, Théorique.	Effective.	COEFFICIENTS de la dépense.	OBSERVATIONS
	mq	m	m		mc	mc		
67	0,3120	0,200	3,610	100,0	2,622	2,173	0,829	
68	0,3120	0,200	3,650	97,0	2,642	2,082	0,790	
69	0,3120	0,200	3,560	91,0	2,607	2,143	0,805	
70	0,3120	0,200	3,475	87,0	2,570	2,083	0,815	
71	0,3120	0,200	3,300	80,0	2,620	2,061	0,788	
72	0,3120	0,200	3,250	72,0	2,493	1,983	0,796	
73	0,3120	0,200	3,230	67,0	2,485	1,943	0,782	
74	0,3120	0,200	3,358	62,1	2,715	1,933	0,710	
75	0,3120	0,200	3,343	57,1	2,710	1,908	0,702	
76	0,3120	0,200	3,393	54,0	2,548	1,863	0,733	
77	0,3120	0,200	3,398	49,4	2,542	1,863	0,733	
78	0,4212	0,270	2,990	90,6	3,230	2,523	0,782	
79	0,4212	0,270	3,070	87,0	3,207	2,523	0,773	
80	0,4212	0,270	3,170	84,6	3,320	2,442	0,737	
81	0,4212	0,270	3,180	77,25	3,240	2,442	0,757	
82	0,4212	0,270	3,310	69,0	3,540	2,442	0,691	
83	0,4212	0,270	3,475	66,1	3,470	2,523	0,730	
84	0,4212	0,270	3,390	61,5	3,430	2,445	0,712	

26. *Conséquences des résultats contenus dans le tableau précédent.* Ce tableau, ou plutôt l'examen des courbes de la planche II, montre :

1° Que pour la faible levée de vanne de $0^m,050$, le coefficient de la dépense, ou ce qui revient au même, la dépense d'eau faite en 1″ par les orifices de la turbine, croit un peu, mais assez lentement avec la vitesse de la roue, que sa valeur moyenne depuis 20 jusqu'à 55 tours en 1′, est égale à 0,93 environ, et qu'elle s'élève graduellement avec la vitesse jusqu'à la valeur 0,96, qu'elle atteint vers 65 tours en 1′ ;

2° Qu'à la levée de vanne de $0^m,09$, le coefficient de la dépense qui est d'environ 0,93 à la vitesse de 25 tours en 1′, s'élève assez rapidement avec la vitesse et atteint vers 75 tours en 1′ la valeur 1,039, ce qui montre qu'alors la dépense effective serait plus grande que la dépense théorique ;

3° Qu'à la levée de vanne de $0^m,150$, ce coefficient, qui n'a que la valeur 0,80 à la vitesse de 34 tours en 1', atteint et dépasse aussi l'unité à 99,5 tours de la roue en 1';

4° Qu'à la levée de vanne de $0^m,200$, ce coefficient qui n'a que la valeur 0,72 à la vitesse de 45 tours en', atteint celle de 0,85 à la vitesse de 102 tours en 1';

5° Enfin qu'à la levée de vanne de $0^m,270$, le même coefficient qui avait la valeur 0,71 à la vitesse de 75 en 1', atteint celle de 0,76 à la vitesse de 106 tours en 1'.

De là résulte évidemment que la dépense d'eau faite par les turbines croît avec leur vitesse de rotation, et comme d'ailleurs l'effet de la force centrifuge, à laquelle est dû cet accroissement, dépend des proportions de la roue, il s'ensuit qu'il faudrait pouvoir établir dans chaque cas une discussion de ces proportions pour comparer les effets à la cause.

27. *Influence de la hauteur dont on lève la vanne sur la dépense.* Les courbes des coefficiens nous montrent aussi que ces nombres, à vitesses égales de la roue, vont sans cesse en diminuant à mesure que la levée de la vanne augmente. C'est ce que l'on peut vérifier par l'examen du tableau suivant, dans lequel on a réuni les valeurs relatives à différentes vitesses et levées de vanne déduites du tracé moyen des courbes.

NOMBRE de tours de la roue en 1'.	VALEURS DES COEFFICIENS DE LA DÉPENSE pour des levées de vanne de				OBSERVATIONS.
	$0^m,090$.	$0^m,150$.	$0^m,200$.	$0^m,270$.	
40	0,905	0,820	»	»	
50	0,945	0,862	0,728	»	
60	0,975	0,900	0,743	»	
70	0,995	0,930	0,762	0,706	
80	»	0,953	0,784	0,720	
90	»	0,968	0,812	0,746	
100	»	0,980	0,840	0,767	

NOTA. On n'a pas compris dans ce tableau les coefficiens relatifs à la levée de vanne de $0^m,050$, parce que sous le rapport cherché ils ne permettent pas de reconnaître la diminution dont il est ici question.

Cette diminution du coefficient de la dépense, à mesure que la levée de vanne augmente, tient évidemment à la disposition de l'orifice, et nous semble facile à expliquer d'après les faits connus sur l'écoulement de l'eau par des ajutages de diverses formes.

En effet, d'après la manière dont l'orifice est disposé, les deux courbes contigües formant ses parois verticales, lui donnent, en ce sens, une forme analogue à celle des buses ou ajutages convergens, le côté inférieur se trouve dans le prolongement du fond, et le côté supérieur est le dessous du coussinet en bois qui s'élève avec la vanne. Il suit de là que, pour les petites levées de vanne, l'eau sort par un véritable ajutage, conique latéralement et à faces parallèles, dans le sens vertical, et pour lequel la contraction à l'entrée est à peu près nulle. Il n'est donc pas étonnant qu'alors le coefficient de la dépense atteigne des valeurs égales et même supérieures à 0,90, puisque l'on sait (Traité d'Hydraulique de M. d'Aubuisson, page 54) que pour les ajutages coniques convergens ce nombre acquiert, selon l'inclinaison des arêtes du cône, des valeurs semblables.

A mesure que la levée augmente, l'influence du coussinet, pour diminuer la contraction à l'entrée de cet ajutage, devient moindre; parce que, malgré l'arrondissement de son bord inférieur, il n'a pas la forme exacte de la veine fluide, et que, le volume d'eau dépensé augmentant, la vitesse dans le tuyau intérieur, devient de plus en plus grande, ainsi que la convergence des filets vers l'orifice. Ce coussinet n'a d'ailleurs que $0^m,17$, moyennement dans le sens de la longueur de l'ajutage, et dès que la levée de vanne atteint ou dépasse $0^m,15$, on voit que cet ajutage se rapproche davantage de ceux où il y a contraction à l'entrée, ou des orifices avec contraction sur le côté supérieur seulement. Le changement de direction qu'éprouve l'eau, en descendant du tuyau vertical, pour sortir parallèlement au fond, occasionne aussi une perte de force vive, qui doit croître avec la levée de la vanne.

Toutes ces circonstances qui concourent au même résultat, expliquent suffisamment, je pense, la diminution graduelle du coefficient à mesure que la levée de la vanne augmente, et comme nous avons vu précédemment que ce nombre augmente au contraire avec la vitesse de rotation, et que ces deux variations en sens contraire dépendent des proportions de la roue, on voit que, dans toutes les expériences ou observations sur les roues de ce genre, il est indispensable d'établir pour le jaugeage de l'eau dépensée un barrage en amont, ou mieux encore en aval de la roue. Il sera d'ailleurs toujours préférable de l'établir en aval, parce que d'une part les variations du niveau occasionneront beaucoup moins d'erreurs et surtout de perte de temps pour le réglement du niveau, et qu'on pourra apprécier, comme nous l'avons fait à Müllbach, le volume d'eau produit par les fuites plus ou moins grandes des réservoirs et des vannages.

Nous devons faire remarquer que les expériences sur la turbine du Moussay ont aussi montré que le coefficient de la dépense diminuait à mesure que la levée de vanne augmentait, mais que l'accroissement produit par la force centrifuge lors des grandes vitesses, ne s'y est pas manifesté d'une manière notable ; ce qui tient peut-être à ce que la roue n'ayant qu'une largeur excessivement petite, l'action de cette force y était beaucoup moins sensible.

EXPÉRIENCES SUR LA TURBINE ÉTABLIE AU MOULIN DE LÉPINE, CANTON D'ARPAJON.

28. Le compte rendu de la séance de l'académie des sciences du 5 février 1838, contient une série d'expériences faites par M. Dieu, chef d'escadron d'artillerie, inspecteur de la poudrerie du Bouchet. Nous en insérons ici les résultats.

Le jaugeage de la dépense d'eau a été exécuté au moyen d'un barrage placé en amont de la roue sur le canal d'arrivée, et formant un déversoir, et on a calculé le volume d'eau écoulé par la formule

$$Q = 0{,}406\,LH\sqrt{2gH}.$$

Des flotteurs placés en amont de ce déversoir, en amont et en aval de la turbine, servaient à mesurer la charge d'eau sur le seuil du déversoir et la chute totale.

Le frein, formé d'un manchon en fonte, embrassé par deux pièces de bois, était placé sur l'arbre de la roue et continuellement arrosé par un filet d'eau, qui empêchait l'échauffement des surfaces, et les maintenait à un état constant d'humidité. Les autres dispositions étaient aussi tout à fait analogues à celles que nous avons détaillées précédemment.

Le bras de levier du frein avait une longueur de 4^m, et sa charge constante était de $0^k,625$.

Les résultats des expériences sont consignés dans le tableau suivant.

Expériences sur la turbine de Lépine, près Arpajon (Département de Seine-et-Oise).

Nos des expériences.	VOLUME d'eau dépensé en 1''.	CHUTE totale.	TRAVAIL ABSOLU du moteur en kil.m.	TRAVAIL ABSOLU du moteur en chevaux de 75 k.m.	CHARGE totale du frein.	NOMBRE de tours de la roue en 1'.	EFFET UTILE mesuré par le frein en kil.m.	EFFET UTILE mesuré par le frein en chevaux de 75 k.m.	RAPPORT de l'effet utile au travail absolu du moteur.	OBSERVATIONS.
	mc	m	k.m	ch	kil		km	ch		
1	0,436	2,073	904,0	12,05	22,625	73,77	699,0	9,32	0,773	
2	0,440	2,048	901,0	12,01	18,625	88,20	688,2	9,17	0,763	
3	0,440	2,065	908,6	12,11	20,625	80,35	694,0	9,25	0,763	
4	0,440	2,065	908,6	12,11	22,625	72,58	687,7	9,17	0,757	
5	0,440	2,048	901,0	12,01	24,625	67,16	692,7	9,23	0,768	
6	0,440	2,043	898,9	11,98	26,625	64,10	714,8	9,53	0,795	
7	0,436	2,048	892,9	11,90	28,625	58,44	700,6	9,34	0,784	
8	0,436	1,993	868,9	11,59	17,625	90,90	671,0	8,94	0,772	
								Moyenne.	0,772	

L'examen de ce tableau, montre que cette turbine dont la chute, lors des expériences, était de 2^m environ, réalise un effet utile net, égal à 0,772 du travail absolu du moteur.

29. ***Résumé général des expériences sur l'effet utile des turbines.*** De l'ensemble des expériences contenues dans ce Mémoire et de celles qui ont été faites précédemment et qui sont relatives

A la turbine de Moussay, où la hauteur de chute a été, pendant les expériences, de $7^m,50$ environ et où la roue a été immergée sous l'eau jusqu'à $0^m,974$,

A la turbine de Müllbach, où la hauteur de chute a été, pendant les expériences, de $3^m,50$ environ et qui a été immergée sous l'eau jusqu'à $0^m,750$,

A la turbine de Lépine, où la hauteur de chute est de 2^m,

A la turbine d'Inval * où la hauteur de chute disponible a été successivement réduite de 1^m,174 à 0^m,293, tandis qu'au contraire la profondeur à laquelle la roue était immergée a été augmentée depuis 1^m,15 jusqu'à 1^m,74,

Enfin des résultats obtenus à la filature de M. d'Eichtal, à St-Blaise, dans la Forêt-Noire, où l'on a utilisé une chute de 108 mètres avec une turbine de 0^m,55 de diamètre, faisant 2300 tours à la minute et transmettant une force de 40 chevaux,

On peut conclure,

1° Que ces roues conviennent aux grandes comme aux petites chutes;

2° Qu'elles transmettent un effet utile net, égal à 0,70, ou 0,78 du travail absolu du moteur;

3° Qu'elles peuvent marcher à des vitesses extrêmement éloignées, en plus ou en moins de celle qui convient au maximum d'effet, sans que l'effet utile diffère notablement de ce maximum;

4° Qu'elles peuvent fonctionner sous l'eau à des profondeurs de 1^m à 2^m, sans que le rapport de l'effet utile au travail absolu du moteur diminue notablement;

5° Que par suite de la propriété précédente, elles utilisent en tous temps toute la chute disponible, puisqu'on les place au-dessous du niveau des plus basses eaux;

6° Qu'elles peuvent recevoir des quantités d'eau très-variables, sans que le rapport de l'effet utile au travail dépensé diminue notablement.

Si l'on joint à ces propriétés précieuses, sous le rapport mécanique, l'avantage qu'elles offrent d'occuper peu de place, et de pouvoir être, sans grands frais, sans embarras et sans inconvéniens, établies dans tel endroit d'une usine qu'on le veut, de marcher généralement à des vitesses bien supérieures à celles des autres roues, ce qui dispense de recourir à des transmissions de mouvement compliquées, on reconnaîtra, sans doute avec nous, que ces roues doivent prendre rang parmi les meilleurs moteurs hydrauliques.

* Voyez les Comptes-Rendus des séances de l'Académie des Sciences; n° IX (27 février 1837).

METZ. — De la typographie de S. LAMORT.

TURBINE ÉTABLIE AUX FORGES DE FRAISANS. PL. I.

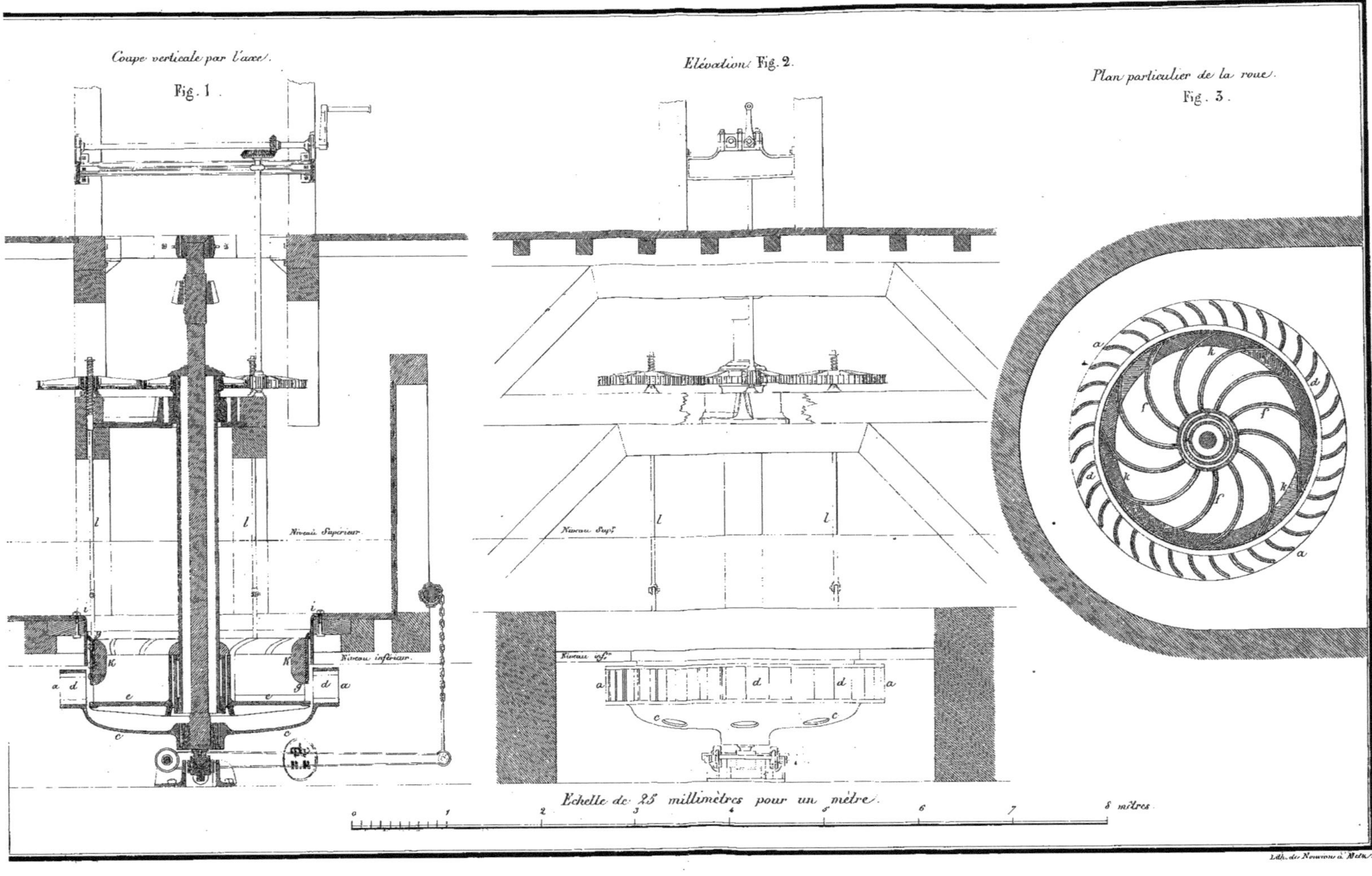

Lith. de Nouvian à Metz.

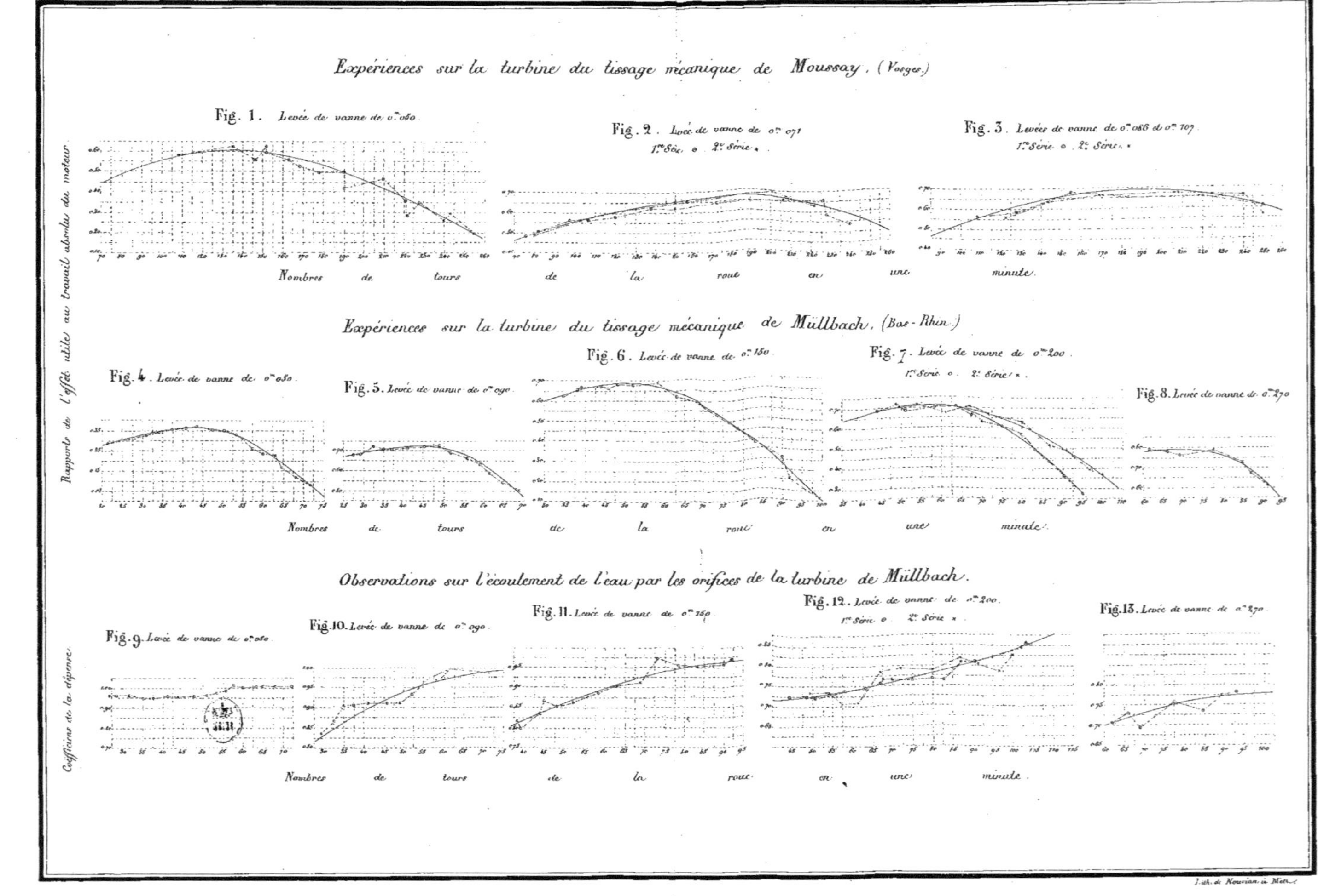

Lith. de Nouvian à Metz.

Ouvrages du même auteur.

Nouvelles expériences sur le frottement, faites à Metz en [illegible], imprimées par ordre de l'Académie des sciences ; Paris [illegible] (Bachelier, libraire) ; un vol. in-4° avec neuf planches.

Nouvelles expériences sur le frottement, faites à Metz en [illegible], imprimées par ordre de l'Académie des sciences ; Paris, 1835 (Bachelier, libraire), un vol. in-4° avec quatre planches.

Nouvelles expériences sur le frottement, faites à Metz en [illegible], imprimées par ordre de l'Académie des sciences ; Paris, [illegible] (Bachelier, libraire), un vol. in-4° avec neuf planches.

Expériences sur les roues hydrauliques à aubes planes et sur les roues hydrauliques à augets ; Metz, 1836 (L. Mathieu et Carilian-Gœury, libraires à Paris).

Aide-mémoire de mécanique pratique à l'usage des officiers d'artillerie et [illegible] ; deuxième édition, revue et augmentée ; [illegible] fr. ; Metz, [illegible] (Mme Thiel, libraire).

[illegible] : Expériences sur les [illegible].

www.ingramcontent.com/pod-product-compliance
Ingram Content Group UK Ltd.
Pitfield, Milton Keynes, MK11 3LW, UK
UKHW020346250726
13967UKWH00005B/2143

9 782012 885493